筑·美02　2015年第1期 总第2期

主办单位：
全国高等学校建筑学学科专业指导委员会建筑美术教学工作委员会
中国建筑学会建筑师分会建筑美术专业委员会
东南大学建筑学院
中国建筑工业出版社

顾　问：
吴良镛　齐　康　钟训正　彭一刚　戴复东
仲德昆　王建国　邵韦平　胡永旭

主　编：
赵　军

副主编：
贾倍思

编委会（按姓氏笔画排序）：
工　兵　冯信群　邬烈炎　阴　佳　李东禧
张　月　张　琦　陈飞虎　尚金凯　周宏智
周浩明　郑庆和　赵　军　赵思毅　娇苏平
贾倍思　顾大庆　钱大经　徐明慧　高　冬
唐　旭　葛　明　董　雅　靳　超

秘　书：
朱　丹　曾　伟　张　华

责任编辑：唐　旭　李东禧　张　华
责任校对：张　颖　党　蕾
设计制作：北京方舟正佳图文设计有限公司
出版发行：中国建筑工业出版社
经销单位：各地新华书店、建筑书店

印刷：北京方嘉彩色印刷有限责任公司
开本：880×1230 毫米　1/16　印张：10¼　字数：485 千字
2015 年 10 月第一版　2015 年 10 月第一次印刷
定价：98.00 元
ISBN 978-7-112-18480-4
　　　（27689）
版权所有　翻印必究
如有印装质量问题，可寄本社退换
邮政编码：100037

图书在版编目（CIP）数据

筑·美02／赵军主编.—北京：中国建筑工业出
版社，2015.10
　　ISBN　978-7-112-18480-4

Ⅰ.①筑…　Ⅱ.①赵…　Ⅲ.①建筑设计–环境设计–
年刊　Ⅳ.①TU–856

中国版本图书馆CIP数据核字（2015）第225446号

卷首语

"筑美"杂志创刊号的出版为我国建筑学学科与环境艺术设计学科设计基础教育搭建了一个交流的平台，在这个充满梦想与激情的时代，新与旧的更替，传统与现代的碰撞，本土与国际文化的融合，都对我国创新人才的培养提出了新的要求。

近年来，为了适合新形势下，对建筑师人才培养的需要，全国高等院校建筑学学科专业指导委员会对建筑学学科教学计划提出了指导性的规划，教学计划的调整，使美术基础课课时大幅压缩，按照传统教法，根本无法完成教学计划，许多教师产生了困惑和迷茫；实质上，随着时代的不断发展，改革的步伐从来没有停止过，无论怎么改革，人才培养的大目标从来没有改变过。我们相信传统的教学方法能够培养出建筑大师，创新的教学方法也能培养出杰出的建筑设计人才。

当今，不同学科之间的融合度越来越高，界限越来越模糊，学科之间的交叉、互动对未来设计人才的培养提出了更高的要求。因此，教学方法的创新是我们培养未来创新性人才的根本保证。

目 录

ART
OF
ARCHITECTURE

Masters
大师平台

A Silent Recording
—Master Tong Jun's Watercolour

无言的记录
——童寯先生的水彩画作

文 / 童 明

作为我国近现代建筑界的一代宗师与楷模，童寯先生不仅理论学识渊博、设计技艺高超，而且艺术修养极为深厚。

1930 年，童寯先生以优异成绩从费城的宾夕法尼亚大学毕业。作为一条不成文的惯例，在回到故乡之前，几乎所有美国学习建筑的中国留学生都会从事一次专业目的的欧洲之旅，如庄俊、范文照、杨廷宝、赵深、梁思成等。对于他们而言，亲身去体验那些平日只能在图像中接触到的经典建筑无异于一道期待已久的饕餮盛宴。其实，这不仅对于他们是如此，对于世界上众多刚刚完成学业的年轻建筑师也是必须从事的一次历练。

这种针对古典建筑的游历应当沿袭于始自 17 世纪的游学旅行传统，人们称之为大旅行（Grand Tour），主要表现为历时 1 ～ 2 年的体验之旅，主要目的地是意大利、希腊、法国，从而有机会充分接触从古典时期到文艺复兴的各类经典文化，聆听古典音乐、研习

传统绘画。

在这一过程中，绘画是其中的一个重要环节，因为建筑作为现实场景，从建筑观览中所获得的所悟所思是文字无法进行复现和表述的，于是绘画也就成为建筑师的天然语言。因此，建筑画就成为一种独特的绘画方式，这倒不完全在于技巧方面的因素，而是在于不同的目的。建筑师的最终目的不在于绘画本身，而是需要通过绘画去通达自身专业的感召之处，并将它们记录下来作为日后重要的知识及修养储备。

相对于繁复的油画，水彩画、铅笔画是建筑专业的常用画种，因为旅途时间往往匆忙而紧促，也不可能允许携带庞杂的设备，因此可以信手拈来的铅笔或水彩画笔成了最好的工具。用童寯先生的话来说，"如对某处文化历史环境特感兴趣，触目兴怀，流连光景，又有充裕时间"，那么掏出画笔，设好画夹，就可以即兴铺陈了。

当然，即使在 20 世纪 20 年代，照相机已经不是一种稀罕物品，

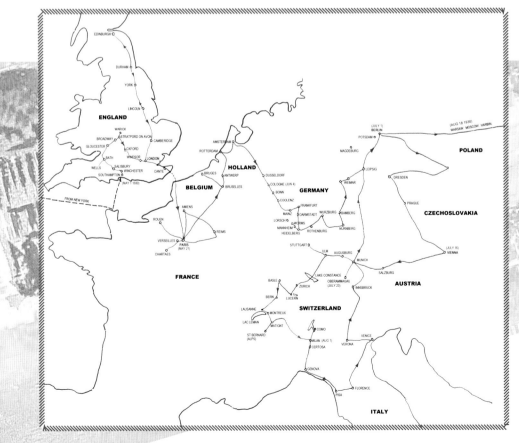

图 1 童寯先生旅欧路线图

2

与今天学习建筑专业的学生一样，他们在出门游历时，大多数也会携带照相机。但是，在他看来，只有绘画才是一种正规的记述方式，而"照相机是懒汉旅行工具，用机器代替眼睛"。因为绘画并不完全只是为了留影，它同时还伴随着一种严格的操作，"如果要求对建筑物的线、面、体三者加以观察，并在最后明了，必须亲自动手画出，经过一番记录才巩固不忘。"

更进一步而言，建筑绘画的价值之处在于，它可以令研习者必须全力以赴，去真正获得经典建筑可以给人带来的激发和启迪。通过由手操作的绘画，眼睛才能够从事搜索、定焦、捕捉、判断，并把那种蕴含于建造中的智巧与优美进行梳理整合，准确地写绘于画纸之上。

因此，建筑绘画又是与建筑师的修养密切相关的。在画纸上娴熟精准、气度非凡地进行布陈，与在工地上一丝不苟、泰然有序地从事建造，它们之间存有密不可分的关系。诚然，这一问题曾经是不值一问的，因为历史中有许多伟大的建筑师就来自于伟大的画家，如米开朗琪罗、拉斐尔、贝尼尼，在中国，也可以列举出王维、李渔、计成等。但是这一关联并非经由"艺术相通"之类的含糊说辞就能够解释清楚。尤其在计算机模拟、程序建模这个当下的时代中，建筑师的这一传统已经逐渐被淡忘，甚至被质疑了。

1930年的欧洲之旅为童寯先生日后的杰出成就奠定了一个坚实的基础，并对他日后的专业生涯产生了深刻的影响。在这短短不到4个月的研习中，童寯先生为我们留下了200多幅写生绘画和一本详细记录此次旅程的日记。如果随意浏览其中的某一幅，可以看见一张描绘着瑞士日内瓦湖畔的西庸堡的水彩画，其内容是古堡内部的某一普通场景。在画中，城堡主塔高耸而立，几乎撑满了画页的上半部，下半部则是一处木结构小屋，也许是马厩，也许是柴房。在这张几乎完全用赭石为主调绘制的水彩画中，我们可以感受到那种历经严格古典构图训练而来的深厚功底：布局方式一丝不苟，建筑形体敦厚结实，细部构造清晰精美，古堡的那种雍容华贵、森严高耸的气质跃然于纸面。

这一切都是采用极其娴熟的水彩画技法完成的，大片淡雅晕染的浅黄色浮现出弯曲而弧形的主塔墙面，乘着湿润，几片半开的窗户勾络于上。在其下方则是一排半挑的叠涩拱券，体形轻巧而结实。分为两层的红瓦屋面也是在完全湿润的状况下一次完成，深浅不匀的暗红与深褐揭示出饱经岁月的斑驳沧桑。

更加令人印象深刻的，就是在这张色彩变化不多的水彩画中，充满了正午的阳光，而将此映衬出来的则是处在屋檐之下的那片阴影。阴影之中的屋檐内侧与上部阳光之下的弧形塔身形成截然对比，阳光下的主塔挺拔硬硕，而阴影中的虚空含蓄凝重。迅疾落下的笔触揭示出梁柱之间的结构关系，水彩色迹之间的相互印染也使得内涵大大丰富。赭石加上深褐，以及透出微泛的淡蓝，使得这块极具分量的阴影丝毫不显呆板，相反呈现出多层次的透明以及轻灵。

这张水彩可能与其他画作一样，是在捕得印象后，于短短的三、四十分钟内一次性完成。我们可以想到他不可能耗费时间去从事构思酝酿，也不可能详细周全地去分析结构的转承关系，一切都必须依托于迅疾的判断和精确的笔法。于是这类较为随意的普通场景，尽管施以简单色彩，但是通过由心灵运作的画笔、颜料而再现出来，从而显得如此丰富、生动而且耐人寻味。

就如他所言："水彩画的要求是极高的，在阳光下写生，设色之前，预见构图全貌，轻轻勾出铅笔轮廓，先画天空，然后自上而下把阴影部分尽早布置妥善，再着手染建筑材料的淡色及高光并留白。至此，全幅明暗色调基本确立。每染一色都是最后一次，不再重复，以保持颜色的鲜洁，也有时把颜料布在水湿纸面上混合。在任何情况下都避用白粉。"

在一次闲聊中童寯先生曾经坦陈，在所有的色彩中最偏爱赭石。我们无从去解释一个人对于色彩的偏爱，或许欧洲大多数建筑都由砖石构成，而它们在阳光下呈现的色彩就是各种深浅不一的赭石，就如同他的性格一样，深沉、厚重。

水彩画相对于当时的黑白照片和铅笔速写的一个优势在于，它可

图 2 童寯先生在欧洲游历途中
图 3 日内瓦，西庸堡内院，绘于 1930 年 7 月 31 日
图 4 牛津，拉德克利夫圆厅，绘于 1930 年 5 月 7 日
图 5 维也纳，圣斯蒂芬大教堂，绘于 1930 年 7 月 16 日
图 6 维罗纳，罗马竞技场，绘于 1930 年 8 月 13 日

图 7 莱比锡，圣阿列克西纪念教堂，绘于 1930 年 6 月 27 日

以记录下绘制对象的色彩，而且在充足的阳光下写生效果更佳，但是这并不意味着需要采用强烈的颜色。在匆匆旅程的间歇中，绘画色彩绝对不能复杂，而是要简单。由于深受中国文化的浸染，童寯先生认为水彩画宜取低调，不强求水彩的"彩"，而求彩外之彩。就如唐代张彦远所云，"运墨而五色具"，或者"用墨写青山红树"。

在一张描绘牛津大学图书馆的水彩画中，带有穹顶的庞然建筑只是采用整体平涂进行体量界定，寥寥数笔湿润的曲线勾勒出建筑轮廓，而那几块稍带高光的方块则反衬出从图书馆内部透射而出的昏暗灯光。这是一个雨中黄昏，英格兰雨天那种特有的氛围跃然纸面。阴雨霏霏、行人寥寥。

再如维也纳的圣史蒂芬主教堂，高大而精美的教堂主塔本身就已经难以描绘，而尖顶上的五彩覆瓦则更加难以表达。但在童寯先生的画面中，这一切的处理是如此驾轻就熟，塔身的下半部以一片混沌而融入城市氛围之中，反衬出上半部在阳光照耀下的奕奕神采，跳动的笔触将哥特建筑复杂而精密的细部表现得活灵活现，但所采用的又不是那种刻板的工笔技法，一幅鲜活多彩的场景被近处建筑的暗部托显出来。

同样，这类举重若轻的绘画风格也可以在维罗纳的古罗马竞技场、夏特尔主教堂精美的门廊等画面中都有所展现。

在童寯先生的绘画中，大量地向我们呈现出的就是哥特教堂的五色玻璃窗，石雕楼塔的玲珑轻透，以及风吹日晒的丹青剥落。

除了这种写实与写意兼具的画作外，我们从他的绘画中也可以看到，随着旅途见闻的积累，他的思想视角以及绘画方式也在发生着多重的转变。除了在整体画作中所呈现出来的那种古典技艺的深厚功底之外，我们也可以看到时新的现代艺术在童寯先生身上所即刻产生的反应。

例如在奥地利萨尔茨堡，童寯先生的一些绘画索性已经离开水彩，而采用可以更为浓烈的色纸和彩铅。大约有十几幅绘画直接以深灰色或深褐色的色纸为底，上面施以彩笔和白粉，极其简略而直接地表现出教堂内部那种昏暗而凝重的氛围，或者夜幕下的古城街道的幽暗灯光。这类场景可以令人接着联想到当时被深埋于经济危机之中，处于第二次世界大战前夜的那种忧郁的欧洲。

如果我们将童寯先生的画作与日记对照起来，也可以共享他在旅途中不断出现的惊喜发现。怀着经典建筑之旅的出发点，在刚到达英伦或法国时，城堡、教堂、宫殿、博物馆是他观看的主要内容和入画重点。但是随后，尤其是当他进入到荷兰、德国、瑞士时，高层办公楼、混凝土教堂、玻璃幕墙商场也逐渐成为绘画题材。

伴随着这一变化，童寯先生的绘画风格也越来越洒脱而抽象。例如在莱比锡参观的俄国教堂，教堂多棱体的塔顶与天空多变的云彩一同采用几何化的块形进行表达，从而构成了一种奇异的融合，令人恍惚教堂能够向天空延伸到何处；在威尼斯圣马可广场钟塔一画中，天空的云彩索性变成几条平行的弯曲，穿插于其中的凝重塔身则显得那样的梦幻而神秘。然而就在绘就这些先锋之作的同时，刚刚完成的莱比锡战争纪念塔和威尼斯的圣玛丽亚教堂又是那样的庄重典雅。

我们于此很难分辨出童寯先生此时在性格中的特征，一个后来被称为老夫子的严谨学者，也能够尝试作出先锋前卫之举。其实如果结合日记则不难看到，途中所遇一次次的现代展览经常令他眼界大开，而旅程之前的精心准备也预埋了伏笔，使他一开始就对刚刚萌发的现代建筑充满了憧憬之情，如有可能就会不惜绕道，前往一看究竟，并在文字中不吝赞美之词。而原先计划中的罗马、庞贝、西西里也在随后的旅途中悄然消失，此时能够打动他的已经不完全是经典建筑了。

有了如此之经历，可以使我们不难解释，童寯先生在回国后的建筑思想会如此激烈地反对因循守旧，他的建筑作品为什么会被建筑界誉为求新派。在他的言辞中，不乏那种对于"蟒袍玉带之下，穿毛呢卷筒外夸和皮鞋的文艺复兴的绅士们"的嘲讽，而针对国人对于西方建筑以及现代潮流的一知半解，他的后半生会奉献给现代建筑之研究。

同时在异国他乡所接受的心灵洗涤，也可以用来解释后来童寯先生对于故国文化的那份挚爱之情。就是在这份挚爱之情的促动下，他开始了我国近现代的园林研究。也正是在与旅欧见闻的反衬下，面对当时国内的状况，他会"以至于每入名园，低回啼嘘、忘饥永日"，深染于"不胜众芳芜秽，美人迟暮之感"。在随后的五十余年间，他对于园林的研究才会始终坚持不断，勤耕不辍。

童明　同济大学建筑与城市规划学院教授

图 8 萨尔茨堡，街景，绘于 1930 年 7 月 20 日

俄国 - 莫斯科克里姆林宫墙塔

Zhong xunzheng's Talk on Painting
钟训正谈绘画

文 / 钟训正

在我学习绘画的最初阶段，常急于求成，专仿一家的风格，虽稍有成效，毕竟根底浅薄，拔苗助长之法终难成器。后来在杨廷宝等前辈的告诫下，深深领会到年轻阶段不宜囿于某种专一的风格，不给自己预设框框，而应去多方探索，以求自然地水到渠成。我也意识到在人生的道路上要取得明显的进步与成就，绝非靠机缘凑巧和一蹴而就，必须要付出巨大的努力。成功不骄，失败不馁。记得李汝骅老师曾说人生在业务上的进展犹如要攀升若干高原。每攀登一高原必须经过艰苦的努力，戒骄戒躁，有所创新。如果墨守成规，陶醉于己有的成就而不思进取，就只能在这一高程徘徊，不可能更进一步地提升。刻苦努力是取得进步的基本保证，但又不是绝对的。我们得知曾有一系友，热爱绘画并稍有建树，但因性格自闭，不与他人交往，闷头苦干了几十年仍依然故我，毫无进展。听人赞扬之词固然可激励自己，但若因之而据此自傲忘乎所以就止步不前了。因此不是光靠努力就能提升水平的，一定要倾听不同的评议，哪怕是刺痛心扉的逆耳忠言。如果虚心以待、反躬自省，将会使人茅塞顿开，可能成为进入更高境界的契机。"听君一席话，胜读十年书"，有时何止十年。以上说的是要多画、多听，还有一个关键是多看。多看优秀作品方能提高赏鉴力，才知道山外有山、天外有天，才知道学无止境；多看优秀作品可知自己的不足，知不足而有所追求，才有可能进入更高的境界。"眼高手低"原是一句贬词，其实它深含成功的真谛。"眼高"才有目标，才有动力，然后以"手"跟上。眼不高具有一定的盲目性，不知好歹，手高手巧又有何用？何况手巧总离不开见识多。带着问题多学多看也是很有效的学习方法。在绘画实践中，对某方面的表达难免有些不顺遂之处。针对此事，学习前人的处理办法也可收事半功倍之效。

"文革"中不许接触业务，过去积累的设计资料又尽毁，"文革"之后百废待兴，因业务荒废已久，不得不抄录资料来充实自己。当时没有复印机，设计资料的搜集全靠徒手抄录。使用的工具极其有限，铅笔本属最简单的工具，但保存不易，当时也没有现在的固定液。钢笔画又过于细腻，全靠细密的笔触组织来表现质感、层次、明暗浓淡等，画幅大小又受到限制，因此当时采用了自己稍加改造工具——塑料笔。笔尖是一根2毫米直径、2厘米长可渗透墨水的半硬塑料杆，

新西兰·波利尼西亚群岛之一景

笔胆管内装海绵体的泡沫塑料，墨水必须是不凝固、无沉淀、不带胶、不褪色的，我用的是普通的蓝黑墨水。墨水装足时，在海绵体内是不会流动的。为了使笔触有浓淡和枯盈之分，可移动海绵体。办法一：竖直笔杆，笔尖向上，往下敲击，海绵体将往下缩而脱离笔尖，所画的笔触将转淡或枯；反之，如往笔头方向敲击，海绵体将与笔尖紧密接触，墨色将转浓。方法二：如海绵体因墨水饱满而不易移动，可将海绵体先剪去一小段，使其在胆内有活动余地。这种可有浓淡枯盈的塑料笔是一般塑料笔和钢笔所不能达到的。

　　我抄录设计资料时力求快、准和简练，这也是我做设计草图时所遵循的作图原则。我抄录这些资料既在绘图技巧上锻炼了自己，又留下了对该设计的深刻印象。20世纪80年代中期自从有了复印机，搜集资料快速得多，尽管我复印了近万张资料，总不及手绘来得印象深刻。

捷克－布拉格

　　　　钟训正　东南大学建筑学院教授

德国 -20 世纪以前的德国·景一

匈牙利 - 布达佩斯国会

英国 - 伦敦郊区二

英国 - 伦敦郊区三

英国 - 伦敦郊区四

中国 - 颐和园万寿山

西班牙 - 马德里公园

伊斯坦布尔 - 清真寺

法国 - 巴黎铁塔下的西北区

西班牙 - 马德里邮局

奥地利 - 萨尔茨堡 1

瑞士 - 日内瓦湖湖滨

加拿大

奥地利 - 萨尔茨堡 2

俄国 - 莫斯科红场

德国 - 林德霍夫宫 2

法国 - 巴黎荣军院圆顶

中国 - 颐和园佛香阁

英国 - 伦敦郊区一

瑞士 - Frutigen

德国 - 摩泽尔河

瑞士 - St.Moritz dotf 城

德国 -20 世纪以前的德国·景六

Image Reading and Aesthetic Conscious

图像识读与审美意识

文 / 郑曙旸

设计的目标定位在于审美意识决定的价值取向。在专业的设计教育领域，价值塑造通过图像识读的方法培育审美素养主导设计观念，因此，成为设计基础教学的重要内容。

掌握图像识读的美术技能，是建构设计思维与方法的有效途径。这种技能在设计教学中，主要通过视觉感知的素描、速写与色彩习作的过程获得。这是因为在艺术创作这种人工的极致中，除了音乐以其抽象的表达"不受任何约束便能创作出表现自我意识，用来实现愉悦目的的艺术品"[①]而在其他的艺术表现形式中，"造型"与"视觉"则是最普遍和容易被理解的关联要素。无论主观表达图形意境的抽象与具象，人们总是通过不同的传达媒介来体味艺术。而通过不同类型形象表达的感知，来愉悦情感、启发联想、影响生活，则是艺术创作本质的诉求。"故此，艺术往往被界定为一种意在创造出具有愉悦性形式的东西。这种形式可以满足我们的美感。而美感是否能够得到满足，则要求我们具备相应的鉴赏力，即一种对存在于诸形式关系中的整一性或和谐的感知能力。"[②]可见，人的感知能力成为艺术体验最基本的条件。

在近代中国设计教育的基础教学中，美术与设计的专业技能训练课时比重分量较大。这一点在艺术学科与建筑学科中反映同样明显。东南大学建筑学院的院史展厅中，"国立中央大学建筑科学程一览（1928年）"的影印件显示：美术与设计类课程66学分，在四年的146学分中占比45.2%。一年级：建筑画（Architectural Drawing）2学分、阴影法（Shades & Shadows）1学分、西洋绘画（Drawing & Painting）1学分、初级图案（Elementary Design）[③]2学分、投影几何（Descriptive Geometry）3学分；二年级：建筑图案（Architectural Design）12学分、西洋绘画（Drawing & Painting）6学分、透视法（Perspective）2学分；三年级：建筑图案10学分、西洋绘画6学分、泥塑术（Clay Molding）2学分、庭园图案（Landscape Design）2学分；四年级：建筑图案12学分、工程图案（Structural Design）3学分、内部装饰（Interior Decoration）2学分。统观这份学程一览，其设计教育的理念一目了然，即以图像识读的途径达到审美意识升华的理想境界。

从操作与实施的角度来看，设计当然是要解决问题。在解决生活中存在问题的过程中，人类依赖远高于动物界发达的大脑，经由有效思维的谋划，创造和掌握适宜的工具，冲破生理条件的限制，通过制作与建造，极大地拓展生存时空。设计之于智慧的能量，集中体现在思维所能达到的深度与广度。而这种思维能力的获取，在于视觉图像通过图形表达的过程所产生情境的图解思考，简而言之就是图形思维。

设计的图形思维方法实际上是一个从视觉思考到图解思考的过程。空间视觉的艺术形象从来就是设计的重要内容，而视觉思考又是艺术形象构思的主要方面。视觉思考研究的主要内容出自心理学领域对创造性的研究。这是一种通过消除思考与感觉行为之间的人为隔阂的方法，人对事物认识的思考过程包括信息的接受、贮存和处理程序，这是个感受知觉、记忆、思考、学习的过程。认识感觉的方法是意识和感觉的统一，创造力的产生实际上正是意识和感觉相互作用的结果。

根据以上理论，视觉思考是一种应用视觉产物的思考方法，这种思考方法在于：观看、想象和作画。在设计的范畴中，视觉的第三产品是图画或者速写草图。当思考以速写想象的形式外部化成为图形时，视觉思维就转化为图形思维，视觉的感受转换为图形的感受，作为一种视觉感知的图形解释而成为图解思考。

图解思考的本身就是一种交流的过程。这种图解思考的过程可以看作自我交谈，在交谈中作者与设计草图相互交流。交流过程涉及纸面的速写形象、眼、脑和手，这是一个图解思考的循环过程，通过眼、脑、手和速写四个环节的相互配合，在从纸面到眼睛再到大脑，然后返回纸面的信息循环中，通过对交流环的信息进行添加、消减、变化，从而选择理想的构思。在这种图解思考中，信息通过循环的次数越多，变化的机遇也就越多，提供选择的可能性越丰富，最后的构思自然也就越完美。

在中央工艺美术学院（现清华大学美术学院）的设计教育教学中，从图形思维到图解思考的方法，在室内设计专业中表现得尤为明显。20世纪80年代何镇强教授的"专业绘画"就是从图像识读到审美意识的实践，也只有通过这样的实践，才能提升人的基本素质——艺术修养，并最终实现设计的价值。

我在这个学校里头没有干别的事情，我觉得一辈子就做了一件事情——效果图。说起来是因为我们当时参加了很多工程，尤其是在做大会堂的时候，需要效果图。因为语言是无法表达清楚的，你光拿"平立剖"领导不懂。做人民大会堂方案的时候，我也画了一些大堂、大厅方案。我们的方案最终是要请中央首长审查的，毛主席、周总理等几位领导都是要看的，当时画的还是挺满意的，但现在看水平也不高。不管怎么样还画了点，于是乎后来的很多项目方案都是画效果图，画了很多很多。当时我是最年轻一个学生，亲自参加了不少项目，这些实践经历让我学到了很多。[④]

后来，我写了一本《专业绘画》的书，形成了一个叫做"专业绘画"的教学理念，并且自己开课了……我当时认为手绘效果图有一天肯定能被替代，但最基本的素质——艺术修养，任何时候都是不能被替代的。手绘基本功对于无论是学生还是高级建筑师来说都是非常重要的。⑤

正是这种手绘基本功，造就了设计从人性意识到物质外化的桥梁，受益最大的恰是"文革"后的第一代大学生：

……我要感激的是何镇强，当时他给我说了一句话，30多年过去了，我历历在目，什么话，我们要训练一个人的手、眼、脑三结合，这是何镇强给我们讲的，为什么我们要画速写、画素描，要去观察，画速写干什么？造型能力，就是我眼睛看得见的脑子里反映出来，我手就表现出来，叫手脑眼三结合，这句话影响我一辈子。⑥

我现在开设的《设计的图形思维》这门研究生课程，就是在何镇强先生专业绘画课程基础上发展起来的。如果没有何先生当时教给我们的眼、脑、手三结合，我也不可能有现在的思考。当时何先生的专业绘画，其精华就是训练眼、脑、手的配合以启发设计思维的训练。⑦

事情起变化始于20世纪90年代中后期，仿佛是在一夜之间，设计师摆脱了图板的束缚。绘图笔换成了鼠标，伏案绘制的艰辛被电脑屏幕前枯燥乏味的机械浏览所替代。效率得到了成倍的提高，可是融入人的思想情感的工作乐趣却荡然无存。要命的是经由图像识读的美育渠道受阻，学校设计教育的基础教学因此面临空前严峻的挑战。

手绘图形是作者心灵经由肢体驾驭工具的直接外化，计算机辅助绘图工具所描绘的线条和色彩则是人工智能的间接表达，难以期冀情感态度与审美价值的广阔海洋。也许，这种工作更适合于机器人来干。把繁重的施工图绘制劳动变成简单的计算机程序，需要操作者熟练掌握每一种绘图工具的程序，并通过键盘的敲击速度或是鼠标移动的轨迹和点击频率来完成图纸的绘制。虽然，整个绘图过程完全的机械与刻板，但体现于纸面的

设计思想还是来源于人的思维。

霍金最近说过："当人工智能发展完善后，可能会导致人类的灭亡。"⑧这是因为"有技术专家相信，我们在短短几十年后就会迎来所谓的'奇点'。⑨所谓"奇点"就是计算机的运算速度超越人脑的反应速度。换句话说，就是计算机可以代替人的思维。我想这应该是人类使用工具的底线，最终也不能让计算机来代替人的思维，假如是那样的话，这个世界将会被计算机所控制，人将沦为计算机的奴隶，好莱坞电影中的幻想就会变为现实。恐怕没有哪一个人愿意看到这一天的来临。反过来说，目前计算机的运算速度，也还达不到训练有素设计师的眼、脑、手配合。也就是说，我们绝不能让计算机超过人的思维能力，计算机永远只能是人的工具。如果这样的逻辑能够成立，那么设计师就一定要掌握手绘表现设计概念的思维能力。作为设计教育的基础教学，眼、脑、手的配合以启发设计思维训练的各类课程，依然需要在总课时中占据合适比例的课时量。

图形与文字共同构成设计语言的逻辑。图形是满足感官认知的设计语言，涉及：空间、视觉以及造型的要素——具有图像识读色彩。图像识读色彩的设计语言载体，主要反映事物的表象，流于浅层而易于感知。文字是满足情境体验的设计语言，涉及：虚拟、联想以及抽象的意念——具有文学艺术色彩。文学艺术色彩的设计语言载体，直接反映事物的本质，直击深层而富于联想。两者的结合，同样能够有机地组织在从图像识读到审美意识的设计教育基础教学中。

郑曙旸　清华大学美术学院教授

① (英)赫伯特·里德著 王柯平译《艺术的真谛》1页.北京.中国人民大学出版社，2004.
Page 1 of The Meaning of Art, written by Herbert Read from the UK and translated by Wang Keping, Beijing, China Renmin University Press, 2004.
② (英)赫伯特·里德著 王柯平译《艺术的真谛》1页.北京.中国人民大学出版社，2004.
Page 1 of The Meaning of Art, written by Herbert Read from the UK and translated by Wang Keping, Beijing, China Renmin University Press, 2004.
③ 将英语design汉译为"图案"是20世纪初的译法，这里的"图案"并非《现代汉语词典》"有装饰意味的花纹或图形，以结构整齐、匀称、调和为特点，多用在纺织品、工艺美术品和建筑上。"的名词词义，而具有现代汉译"设计"的意义。
④ 何镇强访谈资料。（转引自清华大学美术学院2014届博士研究生任艺林学位论文《中央工艺美术学院室内设计教育发展研究》2014年5月）
⑤ 何镇强访谈资料。（转引自清华大学美术学院2014届博士研究生任艺林学位论文《中央工艺美术学院室内设计教育发展研究》2014年5月）
⑥ 成湘文访谈资料。（转引自清华大学美术学院2014届博士研究生任艺林学位论文《中央工艺美术学院室内设计教育发展研究》2014年5月）
⑦ 郑曙旸访谈资料。（转引自清华大学美术学院2014届博士研究生任艺林学位论文《中央工艺美术学院室内设计教育发展研究》2014年5月）
⑧ 2014年12月3日英国《卫报》网站，转引自2014年12月4日《参考消息》第5版。
⑨ 2014年12月7日英国《每日电讯报》网站，转引自2014年12月9日《参考消息》第7版。

台湾"国立"中央大学建筑科学一览

年级	学程	第一学期			第二学期		
		次数	时数	分数	次数	时数	分数
一年级	建筑画 architectural drawing	△2	6	2			
	建筑大要 elements of architecture	△1	3	1			
	初级图案 elementary design				△2	6	2
	阴影法 shades & shadows	△1	2	1	△1	2	1
	西洋绘画 drawing & planting	△1	3	1	△2	6	2
	投影几何 descriptive geometry				△3	9	3
	图量 surveying	○2△1	5	3			
	物理 physics	○4△1	5	3	○4△1	7	4
	语言学 foreign language	○3	3	3	○3	3	3
	微积分 calculus	○4	4	3	○4	4	3
	文化史 history of civilization	○1	1	1			
	地质 geology				○1	2	1
	总计			19			19
二年级	建筑图案 architectural design	○1△5	18	6	○1△5	18	6
	建筑史 architectural history	○1	1	1	○1	1	1
	西洋绘画 drawing & planting	△3	9	3	△3	9	3
	透视法 perspective	△2	4	2			
	古代装饰 historic ornaments	○1	1	1	○1	1	1
	工程力学 engineering mechanics	○5	5	5			
	材料力学 strength of materials				○5	5	5
	营造法 building construction				△2	6	2
	总计			18			18
三年级	建筑图案 architectural design	○1△4	15	5	○14	15	5
	建筑史 architectural history	○2	2	2	○2	2	2
	西洋绘画 drawing & planting	△3	9	3	△3	9	3
	建筑组构 architectural composition	○2	2	2			
	中国营造法 chinese building construction				○1△1	6	2
	泥塑术 clay molding	△2	6	2			
	★庭园图案 landscape design	○1△1	4	2			
	结构学 theory of structure	○2	2	2			
	铁筋三合土 reinforced concrete				○3△1	5	4
	★供热、通流、供水 heating ventilating plumbing				○1	1	1
	电光电线 house wiring&sighting				○1	1	1
	总计			18			18
四年级	建筑图案 architectural design	○1△5	18	6	○1△5	18	6
	美术史 history of painting sculpture	○1	1	1			
	材料构造 materials of construction	○3	3	3			
	都市计划 city planning	○1△1	6	2			
	内部装饰 interior decoration				○1△1	6	2
	建筑师服务 professional practice				○2	2	2
	★经济原理 principle of economics	○3	3	3	○3	3	3
	材料试验 materials testing				△1	3	2
	工程图案 structural design				△3	9	3
	土石工 masonry construction	○3	3	3			
	总计			18			18

注：○—讲授或问答　　△—实验计算实习　　★—他院之课程

ART

OF

ARCHITECTURE

Education

教育论坛

Forum

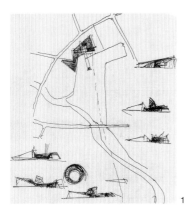
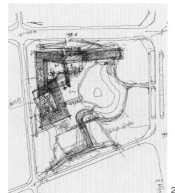
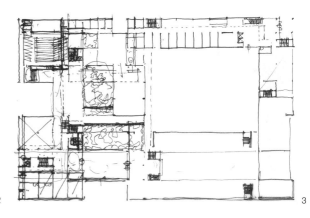

My Personal Experience of Learning of Drawing

我的绘画学习之体会

文 / 韩冬青

赵军教授嘱咐我为《筑美》杂志写篇稿子。尽管每个人对美术都会有各自的喜好与认识，可这毕竟是个十分高深的领域，故迟迟不敢动笔。赵教授一再催促，我便只能外行人说外行的话了。愿以这篇拙劣的文字向建筑学专业的学弟学妹们交流一下自己对绘画学习的浅薄体会，也以此就教于建筑学美术课程教育的诸位行家。

一、绘画学习的基本功用

学习建筑学的人为何要学习绘画呢？各位都明白建筑是艺术与技术的融合之物，这就点出了艺术学习的必要性，可这个概念仍然很抽象。我们大都是从绘画进入艺术学习的门槛，绘画是建筑学学习的初级功课。就绘画而言，我感觉和收获到的意义有三点。其一是认知训练。无论建筑学的概念有多么复杂，又有多少差异化的诠释，建筑终究是要以实体和空间的形式存在于现实环境，同时又以其存在去不同程度地使环境发生某种改变。因此，对各种实体和空间的认知就成为建筑学学习的必要且重要的过程。写生绘画就是获得这种认知的有效媒介与手段。写生必然起始于对物象的凝视，然后是对这种凝视结果的纪录或描绘，凝视与纪录最终转换为一种视觉呈现，也就是我们常见的一幅幅绘画习作。然而，更重要的是学习者在凝视与纪录的无数次往复过程中，获得了对形体、空间、光影、材质和色彩相对具体且深刻的认识。而这种认知能力无论如何都是建筑学学习所不可缺失的基本能力，因为认知实在是设计创造的一个基本前提。其二是技能训练。建筑设计是一个从无到有的过程，建筑师在内在的心智世界中构想出某种建筑意象，然后就要通过画的方式展现这种心智意象。当然还有模型乃至更多的展现手段，然而，画却是第一步。这种心智构想与展现都必须依赖创作者熟练的记录与呈现的技能。这种技能正可以通过绘画练习而获得，准确的形、距离与空间、笔触与材质、光影与色彩、构图与布局等。技能的第一要义在于其准确性，再者在于透过技能所传递出的视觉信息的感染力。纪录与表现的能力是设计创造的另一个基本前提。其三是修养训练。尽管对美的向往是人皆有之的诉求，可对美的认知领悟和欣赏能力却需要一个长期训练的过程。我们的绘画练习伴随着对先辈积累下来的艺术知识的学习、对不同时期不同地域不同流派的艺术作品的观摩、从自然和人造景观中获得启迪、对自己内心世界的追问与自省等。我们不仅向前辈和同行学习技能，也向他们学习对世界的凝思与考问，由此丰富我们对美的认识、感悟与实践，个体的艺术修养也就在这种进程中不知不觉地展现、深化、积累，渐渐趋近于丰满与深邃。而对美的感悟实在是设计创造所必需的滋养。

二、绘画在专业实践中的运用

设计草图是绘画在建筑设计实践中的一种特殊表现。就建筑师设计创作的案头工作而言，建筑设计就是一个将内心对设计对象的构想不断外化的过程。草图以一种最便捷最廉价的方式将设计者的构思呈现出来。这种呈现首先是在设计者的头脑、笔尖与图纸间交替往复进行，尽管许多情形下，这种描绘纪录几乎就是一种轻松的涂鸦，但其中却有可能蕴藏着可以发展的设计动向（图1）。熟练的描绘技能有助于设计者快速有效地跟踪内心的思考，从而促进设计构想的演进效率。同时，草图也是建筑师同行之间展开设

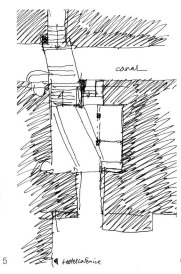

图 1　设计构思阶段的随意涂鸦
图 2　四川泸州群众文化艺术中心总平面草图
图 3　设计进程中的推敲
图 4　瞻园静妙堂南侧叠山
图 5　威尼斯拯救圣母堂 Santa Maria della Salute
图 6　威尼斯 FENICE 旅店临水空间平面记录

计交流的最方便的工具，其中隐藏了互动和思想风暴的种种可能，是设计行为最具活力的一种状态（图 2）。再者，草图是推进设计深化和演进的有效介质。我们可以凭借熟练的描绘技能快速且多视角多层面地审视和修改既有的设计成果，使之不断趋于成熟（图3）。与计算机绘图相比，草图的优势在于其对人的内在思考的迅捷且随意的反映，其活力是不可小视的。与此相对，计算机绘图的优势则在于其精确性，且便于保存和修改。从这个意义上讲，草图更趋近于设计思考的状态并反映其本质。

写生草图以速写的形式成为建筑师户外考察的便捷工具。以速写的方式记录那些打动内心的景观，这远比文字日记能蕴藏更为丰富的信息（图 4、图 5）。写生草图其实也是不断训练建筑师捕捉视觉信息的能力的一种有效手段，由于要通过笔和纸进行记录，所以就有取舍的判断，其意义远非摄影记录所能做到。我们在户外旅行考察时常拍摄大量照片，一段时间后常常想不起所摄何处，但这种情形绝不会发生于你亲自所描下的点滴速写。我在旅行中会一时兴起去步测某个环境的平面格局，并以速写的方式加以记录，

这种速写记录所带动的记忆只能自己体察，但却十分有趣且有历久弥新之趣（图 6）。速写往往可以做成摄影所不能为的事情。

三、入画是建筑设计的一种境界

建筑的实质是一种连续的人文环境。在令你欢喜和陶醉的景观中，或平视面对、或俯身鸟瞰、或浸染其中，俯拾平远皆得无尽妙意。建筑空间的体察和赏析往往由视觉先导，而后有意蕴之妙。对绘画行为的把握总是在视点、对象与距离之间顾盼拿捏，这对建筑空间进程的营造具有极大的启示性。对建筑空间的体察需要在时间的进程中完成，建筑设计就需要特别地关注对这种动态进程的预设、引导和控制，而绘画的经验和体会正可以帮助设计者驾驭空间的种种进程，使之成为连续的入画风景。尽管形体、材质、色彩、尺度、界面等都是建筑师必备的知识，然而与这一箩筐的西方形式理论相比，入画却是一个更具东方色彩的整体意念。人与物的相对关系及其呈现出来的画面进程暗示了设计对人（视点）与物（对象）及其连续运动关系的控制意图和策略。顺着这个思路，

我们或许可以体会中国古典风景画与传统建筑空间意蕴的内在一致性，也可以理解欧洲古典风景画与西方建筑诉求的一脉关联。从这个意义上来说，绘画并不仅仅教会我们如何去表现建筑，更提供了在运动中驾驭空间景观的策略与智慧。

在建筑学的学习中，绘画是训练物象认知的手段，并提供设计思维的手段与技能。绘画是建筑师在现实世界中学习、记录、思考的工具。绘画的经验更可以融化于缔造空间景观的意图和策略之中。绘画最终是一种修为。尽管当代的设计工具和表现工具已难以尽数，这些新式的工具极大拓展了设计思维和表现的疆域和潜能。然而，绘画这一最为古老的方式及其所蕴含的智慧却难以被尽数替代。事实上，我们至今并没有全然理解绘画的意义，因此也就难以肯定我们的练习方式是否十分地合适。我们仍然需要潜心探索。

韩冬青　东南大学建筑学院教授、院长

注：本文插图均为韩冬青所作

Space Reconstruction and Formal Expression
—Introduction to Selective Subject of Basic Design Course of the Industrial Design Institute of Nanjing University of the Arts

重构空间与形态表现
——南京艺术学院工业设计学院设计基础课程精选课题介绍

任课教师 / 钱大经　文 / 张应鲲

南京艺术学院工业设计学院基础教学形成系统化始于2011年，经过几年的实训研究，逐步形成一定规模的基础教学系统，并经过一系列独特的课题设计，为工业设计学院不同专业奠定了一个针对性极强的同时具有公共性、开放性的设计基础。为学生初步建立起设计理念、设计审美、设计技能等方面的知识。

本课程课题设置的目的，是基于工业设计对设计成品的形态要求、立体造型要求，以及由此产生的形态之间的空间结构关系要求等诸方面的研究，试图通过一系列的延续关系极强的传统训练、实验性训练、创意拓展训练，对应完成上述工业设计的特殊课题任务。

本院基础教学由南京艺术学院特聘教授钱大经先生主持，并率领教学团队，开拓、发展、完善上述理论与实践的一系列教学工作，使我院基础教学形成较为独特的、趣味与学理并重的良好局面。钱大经先生及其团队，尤其注重新选课题的开发与研究，并将艺术形式思考与现代设计语言相互交融这一理念贯彻始终。

这里介绍的是本院基础教学部分课题以及学生完成作品。

1. 课题名称：《弯曲的色彩——色彩立体表现》

　　常规平面色彩训练，学生使用色彩绘制出虚幻的空间和造型结构。而本课题中，学生选择立体造型的现成品，如器皿、包装盒等真实器物，运用色彩在其表面进行绘制。这是比较新鲜的课题，也是令学生兴奋而好奇的实训体验。因为是运用颜料在不同以往的介质表面进行绘制，随着器物表面的起伏与凹陷，色彩开始产生"弯度"，曲折的色彩关系加强和减弱着器物的原有形状，在这里，色彩与造型开始产生一系列奇妙的互动效果，而这种效果是经过设计与控制才能达到的，这使学生获得对空间直接进行塑造的体验，也是踏上平面色彩向立体构成过渡的有效一步。

2. 课题名称：《大师去哪儿？——经典作品立体解析》

一般来说，大师们的经典作品是被奉为圭臬，追随膜拜的。如果把大师当作朋友，交谈、吸收、进而解构、重组，体验性感悟经典作品的美学构成，再不安分地生出些创新的念头来，这就有点在大师头上动土的意思了。

基础课"经典作品立体解析"课题，是将大师的平面作品转换制作成立体模型，其教学目的是完成从平面向立体造型的思维转换。一年级的同学，凭着热情率真，凭着或深或浅的美学认知，凭着前一阶段的知识与技能的积累，对大师的平面作品大胆解构，重组空间，甚至以全新元素取而代之，致使经典画面消失不见。

那么，大师去哪儿了？

大师在这些活泼的、大胆的作品中，在同学们自信、独特的思维里，并将伴随学生们未来的设计历程。从这些最终完成的学生作品中，我们看到，鼓励学生对经典作品的强力主观解读和自主选择创作语言，激发了学生五彩纷呈的想象能力，并有效地达到这样的目的：使经典作品的美学成就转化为学生个人的美学体验。

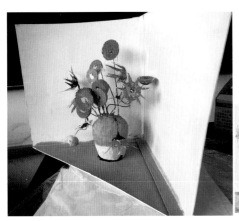

梵高

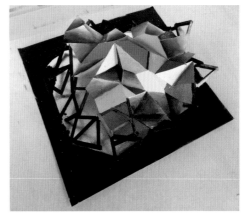

毕加索

蒙德里安

塞尚

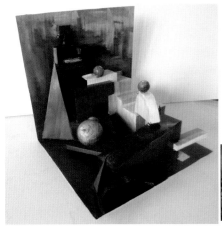

塞尚

塞尚

3. 课题名称：《综合立体造型研究与制作》

　　本课题为一年级学生基础教学终结课题，旨在实现"空间结构关系中的立体造型表现"这一教学目的。此课题是前期基础课程的综合与深化，要求学生运用前期造型训练中所掌握的美学知识与操作方法完成综合造型结构。此训练中，学生应以抽象几何思维为基础，立体形态表现为方向，并融合进一定的人文思考和美学元素，在规定尺寸内进行创作，并在审美标准、材质确定、工艺流程以及团队协作安排和投入运算等方面作出判断与选择，力求通过此课题在多方面为未来各设计专业学习做好准备。

钱大经　南京艺术学院工业设计学院教授
张应鲲　南京艺术学院工业设计学院

Modern Technology-Aided Teaching of Architectural Arts

建筑美术现代技术辅助教学

文/朱 军

【摘要】

伴随着科技的发展，现代技术渗透到人类生活的各个领域，如何正确认识现代技术的产生、发展及其特点，如何在现代数字化背景下结合传统教学模式，进一步提高建筑美术基础教学的质量，本文将从近年来建筑美术教学的现状出发，分析当前面临的问题。结合教学实践，总结相关经验，探讨解决方法。

【关键词】

建筑美术、现代技术、辅助教学

引言

随着高科技的发展和应用，现代技术带来了新的造型语言及新的表达方式，这不仅仅是科技领域的变革，而且引发了一场深刻的社会革命，引发人们思维方式、审美取向、意识形态乃至思想观念的深刻变革；同样也将引起教学方式、教育观念的重大变革，即"基于现代信息技术的学习革命"。如何从传统建筑美术教学走向现代美术教学时代，如何科学、有效地运用现代技术，让建筑美术教育更适应时代的发展，是一个值得探讨的问题。

图 1 丢勒 1525 年透视实验
图 2 布兰德尔 1769 年借助暗箱作画
图 3 数字 3D 动画演示截图结构分析
图 4 数字 3D 动画演示截图明暗分析
图 5 大卫·霍克尼 iPad 作品 1
图 6 大卫·霍克尼 iPad 作品 2

一、科学技术与美术的关系

出于认识世界和改造世界的目的，伴随着现代科技的发展，人们发明和逐步完善了各种科学仪器和设备。这些精密的科学仪器极大地扩展了人类的视野，从微观世界到宇宙空间，反过来又迅猛地推动了科学技术的进步。特别是计算机的发展和普及，在近几十年极大地提高了人类征服世界的能力，传播和承载了空前的信息量。对于美术而言，科技同样为其带来了极大的益处：现代科学仪器可以把物体一瞬间的形状，光与色及时全方位、多角度地记录下来，丰富了画家们的观察内容；同时各种先进的设备、工具、材料包括软件的丰富，也使艺术家在进行表现时更加得心应手。而艺术家所从事的艺术创作，结果必然是工具、技巧、综合素质产生的艺术作品。

其实科技在美术中的应用古已有之，当代英国著名艺术家大卫·霍克尼（David Hockney）在他的著作《隐秘的知识：重新发现西方绘画大师的失传技艺》就探讨了这种应用。他仔细分析了欧洲从 13 世纪到 18 世纪的大量绘画作品，并按年代排序把这些作品图片排列在画室的墙上进行观察比对。霍克尼认为西方绘画史上有个巨大疑问：为什么在大约 15 世纪时画家们突然神奇地掌握造型技巧，使画面中的景物、人物十分精准。对于这种 "隐秘的知识"，霍克尼认为其中的原理就是我们所谓的 "小

孔成像"。当时人们按照这种的原理，在透镜发明以后，用一组透镜镜头，组合成了一个投影装置（类似于照相机暗箱）。画室非常幽暗，而被描绘的物体或者人物则位于画室的外面，画室留有一个不大的洞孔，在洞孔之中放置投影装置；影子通过投影装置投射在黑暗画室的画布上，被描绘的物体或者人物形象得以呈现，但在画布上出现的图像是按照这个逆向反转的图像。当时的画家们进行描摹，最后形成具有强烈焦点透视和极强光影效果的立体写实画面。据此推断，文艺复兴时期的绘画大师如达·芬奇、拉斐尔、丢勒、荷尔拜因、凡·代克、委拉斯贵兹、哈尔斯、卡拉瓦乔等，都可能使用了当时发明的一些先进设备来帮助自己进行创作（图 1、图 2）。而在今天这样一个数字科技时代，我们是如何观看、制作和处理图像，霍克尼迫使我们睁开眼睛，永不休止地探询，如何充分利用科技带来的便利，重新认识我们观看和再现世界的方式。

科学技术与艺术的结合将人类引入了一个新的时代。数字化时代的到来，影响并改变了艺术本身，也改变了艺术教育。艺术教育传统的传承方式教学手段较单一，信息的覆盖面相对较窄。而数字技术的成熟，丰富了教学内容、教学方法、教学手段等，网络教育的发展更改变了艺术教育的空间概念。数字博物馆通过虚拟现实技术的成熟得以诞生，艺术家通过大量数字艺术作品的共享得

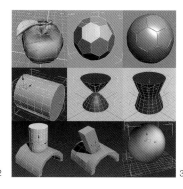
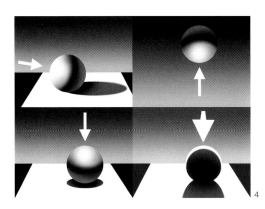

到了前所未有的艺术资料。而所有的这些得以实现都与现代数字技术的发展紧密相关。通过现代数字化技术人类已经打破语言的概括抽象，对世界的把握更为图像化、更为直观了。全球化的到来和数字化的出现冲击到各个领域，计算机的普及与互联网的应用让我们迈进到了信息时代，随着各种各样的数字化设备被广泛应用于艺术教育领域，新型的教学模式应运而生，这给我们的教学方式、教学理念带来了巨大的改变。

二、传统建筑美术教学存在的问题

建筑美术作为一门专业基础课，在各建筑类院、系中都有设置，它对建筑专业学生在观察和造型能力方面的提高具有重要的作用。通过课程的学习可以为后续的建筑设计课程打下良好的基础。建筑专业的学生一般文化基础都较好，这是由专业招生的特点决定的，但学生在艺术方面的水平参差不齐。在学习过程中，如何面对建筑美术这一基础课程，学生存在着很大的思想转变适应性，一部分学生能较快适应，一部分则相对迟缓，

甚至部分学生直至课程结束，都还没有摸到门道，为今后专业设计课程的学习留下了隐患。因此，如何加强艺术修养，如何进行这方面的训练，使学生对形态的理解和表达能力提高，是我们一直思考的问题。建筑美术教学一直以来是在沿用的传统艺术院校的教学体系。虽然也进行过一些局部的改革、调整，但整体表现为教学模式的程式化。这种教学模式的优势在于可以通过对手工表现工具材料的熟练掌握培养学生的动手能力，与此同时也存在着一些问题，由于制作的费时性、课时安排的限制、学生的美术基础等原因，学生把大量时间花在了画面的制作上，而结果却不十分理想，教学效率偏低，给教学带来遗憾。我们认为美术基本素质的要求对于一名建筑专业的学生应不同于绘画专业的学生，在较短的教学时间内应在创造力与想象力方面更加侧重。传统的绘画教学方法，对于建筑专业的学生来讲作业耗时长，效率低，同时可以说在某方面也限制了学生创造能力的发挥，课堂教学难以达到预想的效果，使建筑美术基础课很难发挥其基础的作用。

"如何培养高素质的综合性人才？"这个问题，在数字化技术离我们越来越近的今

天不可避免地摆在了我们的面前。在建筑设计人才的培养上，将发展成为传统方法与现代数字技术综合的艺术人才培养模式，而不是单一的、传统的某一画种或艺术风格的练习、复制式的教育，这势必对现存的传统艺术教育产生巨大的冲击。在数字化时代，要培养高素质创新人才，必须强调培养方式的创新。如何根据建筑专业学生的特点，结合现代数字技术，有针对性地改革现有的建筑美术教学，我们做了积极地尝试。而由于建筑专业的学生文化基础普遍较好，现代数字技术的接受能力普遍较强，这也为我们的教学改革尝试提供了可能。

三、 建筑美术现代数字技术辅助教学

1. 现代数字技术辅助教学方式

传统建筑美术教学中，许多美术基础知识的讲解，由于课时相对较少，往往让学生一知半解。现在我们尝试使用计算机三维动画演示辅助教学，如讲解透视、结构等基本知识相比传统教学更加形象生动，在有限的时间收到较好的教学效果。在具体的教学实

图 7 大卫·霍克尼 iPad 作品 3
图 8 大卫·霍克尼 iPad 作品 4
图 9 学生用 iPad 作画
图 10 学生作品（张陆洋）

践中，讲解原理时结合三维动画不同窗口的显示让学生观察，对学生固有观念转变起到了明显的作用。著名的现代主义艺术大师塞尚开启了现代绘画理论的大门，他曾经说过："应当把大自然当作一个圆柱体，一个球体，一个圆锥体，一切都可入画。"这也是我们在进行美术教学时重点强调的。但如何让学生更加深刻地认识、理解这些道理，我们通过运用现代数字三维技术进行生动的教学演示，以便让学生在较短的时间内掌握绘画的观察方法，理解和掌握物体结构原理。如在我们的教学中圆形透视变形既是重点又是难点。我们在包豪斯学生的结构素描中可以看到大量的关于圆形透视的辅助线表现的空间感，虽然计算机 3D 软件那个时代还没有问世，但是这与三维线框的显示方式来观察物体的方法却有异曲同工之妙，也就是通过辅助线在二维平面描绘三维立体效果。这种效果原理与三维软件的线框图显示是相同的，这对学生理解在平面中表现三维立体结构十分有利。在此基础上，通过 3D 演示进行对比，使学生理解起来更加深刻。在数字 3D 动画软件中，界面的立体空间效果是由计算机图形学编程所构成，其本身就像是一个我们透

过窗口看到的虚拟三维世界，这种窗口观念也正是欧洲绘画发展中提出的。电脑屏幕显示的是一个二维平面，三维物体在二维平面上的成像和投影形成了 3D 软件的界面效果，而这种演示能培养学生对真实物体的观察和理解能力，帮助学生理解和掌握物体结构。3D 演示界面中对模型有多种形式的显示方法，如透明度、材质纹理、线框等，同时物体的呈现可以自由变换、全方位旋转，对物体的局部与组合让人一目了然。对建筑美术教学极有帮助价值。（图 3、图 4）

2. 现代数字技术辅助教学内容

（1）数字技术辅助写生训练

我们已经了解到在欧洲利用工具辅助绘画具有悠久的历史，除水平仪和取景框等简单工具外，文艺复兴时期的画家们还发明了不少复杂的装置和精密的仪器。而现在谈现代技术辅助教学，其渊源与人类对客观世界的研究与观察是分不开的，一个多世纪前照相机的发明与画家在过去使用暗箱辅助绘画有着紧密联系。现在数码照相机已经广泛普及，普通大众都能拥有。除一般摄影和记录外，作为美术训练辅助工具数码照相机也是

非常有效的。利用数码相机辅助绘画训练看似简单，其实有许多方面值得分析和研究。在课堂写生训练时，当学生面对丰富多彩的色彩变化，面对三维对象在二维平面上的空间透视变形，利用数码相机可以瞬间捕捉到绘画对象呈现的黑白层次关系，以及立体物体的平面二维图像、直观的透视变化。这对缺乏绘画经验的学生来说是一个很好的帮助，对他们观察、认识物体有不少启发作用。就像在文艺复兴时期的画家们一样，他们利用玻璃网格和暗箱设备来辅助绘画，就是要帮助解决三维物体转换为平面形象的问题。

另外一些随身数码产品如手机、iPad 等，随着软、硬件的不断完善，绘画体验不断提升，可以轻松地做出许多纸上难以表现的效果，绘画的魅力不可以同日而语，学生也都颇为喜欢尝试。我们还向学生介绍一些当代艺术家的数码作品，如著名艺术家大卫·霍克尼使用 iPad 进行创作的作品（图 5 ~ 图 8），这都增加了学生的学习兴趣。（图 9 ~ 图 12）

（2）数字技术辅助创意表现

建筑类专业与传统美术专业有许多不同之处，它更加强调对学生想象力与创造意识

9

10

的培养。在平时美术教学中怎样使数字技术与创造意识相融合也是我们教研内容之一。从历史上看，任何一种新技术的产生都会对人们的艺术活动产生重要影响。数字技术将传统的二维、三维的创作空间拓展到四维空间，这无疑大大地开阔了人们的审美视野。现代艺术的一个特征就是绘画的多元化发展。美术基础训练在国内外艺术院校中也开始打破单一的教学方法，注重画面形式表现、结合构成艺术的美术教学在建筑类专业都有尝试。使用数字技术辅助创意表现教学同样有不少优势和方法。平面绘图软件的各种滤镜工具，3D软件的各种变形工具和各种特效工具，图像的解构、合成、变形等操作十分便捷。在教学过程中我们给学生演示其变形过程既形象又生动，能培养学生在学习过程中的发散性思维，对整体意识和画面语言的训练都有帮助。同时我们也向学生介绍了许多国外当代数码艺术家的创意和表现技巧，如西班牙艺术家Jaime Sanjuan的作品。（图13～图15）

建筑美术教学中，在教授学生掌握绘画造型能力同时，也是一个培养审美能力和学习视觉语言的过程。绘画的基本要素在美术教学中都应有所涉及，使用平面和三维软件辅助绘画要素的构成训练也能大大节省学生的学习时间。数字技术的优势不单单是前所未有的表现形式，同时与其他传统绘画工具相比，可以将学生瞬间产生的创作灵感迅速转化为艺术作品。过去需要几天或者几个星期的时间完成的一幅作品，现在运用数字技术只需很短的时间即可完成。运用数字技术创作时，学生无须担心最初的创作灵感会在作品漫长的制作过程中模糊或消失，使学生的表现更加迅捷、方便、自由。

四、结语

现代技术在教学中的应用会越来越广泛，这对传统的教学模式无疑是一个不小的冲击，面对一种新型的教育途径，要求我们建筑美术教师要不断在教学方法上推陈出新，重新拟定新的教学目标，增添新的教学内容，将传统的以教为主的教学模式转化为以学为主，更加注重培养学生适应变化的能力，使学生在实践中成长，发挥自己潜在的能力，这样才能满足学生对新鲜知识的渴求，满足社会对现代人才的需要。

参考文献

[1]（美）王受之.世界现代设计史[M].广州：新世纪出版社，1999.
[2]迪尚.电脑图形设计[M]（第三版）.杭州：浙江人民美术出版社，2005.
[3]尹定邦.设计学概论[M]（第一版）.长沙：湖南科学技术出版社，1995.
[4]张夫也.外国工艺美术史[M].北京：中央编译出版社，1999:535.
[5]凌继尧，徐恒醇，艺术设计学[M]（第三版）.上海：上海人民出版社，2001:5.
[6]（美）约翰·拉塞尔.现代艺术的意义[M]（第一版）.南京：江苏美术出版社 1996:400.
[7]袁熙肠.中国艺术设计发展历程研究[M]（第二版）.北京：北京理工大学出版社，2003.
[8]盖尔哈特·马蒂亚斯.1990-2005年的中国设计教育[J].中国设计在线，2005,8.

朱军
北京建筑大学建筑与城市规划学院副教授

图 11 学生作品（关磊）

图 12 学生作品（齐钰）

图 13 西班牙艺术家 Jaime Sanjuan

图 14 西班牙艺术家 Jaime Sanjuan 数字创意表现 1

图 15 西班牙艺术家 Jaime Sanjuan 数字创意表现 2

Light Remodeling
Space—Sino-French Joint Teaching

光影重塑空间——中法联合教学

文 / 沈　颖

2013 年短学期，我院环境设计系的部分教师与三年级的六十多名学生联合我校艺术学院动画专业的三十多名师生开展了一场为期两周的中法联合教学。我们邀请了任教于法国巴黎美院（École nationale supérieure des beaux-arts de Paris）的法籍教授 Guillaume Paris 先生和 Raphaël ISDANT 先生来对此次联合教学进行指导，确定以"光影重塑空间"作为主题。

一、本次联合教学的目的

这次实验性教学旨在基于视频投影创作交互媒体艺术，以提升空间结构的视觉感染力。视频映像定位术已成为一项成熟的技术，获得了来自世界各地的不同领域的创作者的大量关注。从建筑师的角度来说，它是一个为静态的墙体赋予生命、用光动画影像操控空间知觉的极好的方法。同时，数字影像艺术家将空间视为一种表达的新领域和一种深入地扩展投影幕显示的新方式，正如在 20 世纪 70 年代早期对电影领域的拓展实验一样。

新媒体作为新的元素与材料，用终端设备输出，通过屏幕投影等，使图像成为空间的组成元素，以影像空间加强建筑环境的氛围和感受。交互媒体的这一空间性特质，可以打破建筑环境限制，创造出新的空间关系与新的体验，激发学生的想象力和创造力。多媒体技术成为建筑元素参加建筑空间表现，并引入公共的参与，成为一种建筑的新元素和材料。

二、本次联合教学的内容与方法

计算机资源的增长逐步地发展了更广泛的多媒体进入平面设计、动画、电影、戏剧、音乐和建筑等领域的可能性。这次实验教学的第一部分内容是对媒体艺术的历史做一概述式的介绍，并展示了数字艺术家和研究者自 20 世纪 50 年代相互合作，把计算机变成今天众所周知的创造性工具。因此，交互艺术形式和如同电子游戏这样的非线性叙事越来越贴近每个人的生活，把生活带入具有创造性的当代氛围。在第二部分，将对一系列为实验教学特定选取的具体的交互媒体建筑艺术作品进行探讨。第三部分是由同学们实现自己的交互媒体实验作品。

对学生而言，将计算机作为创造性工具的使用已经驾轻就熟了，但是，由于很多软件都只是基于单一的媒体，比如照片编辑、影像剪辑等。运用实时交互技术结合包括三维动画、视频、音频等不同的媒

介设计一个较为复杂的视频定位作品，需要一些特殊的编程工具。因此，这次联合教学选择了 Pure Data 这个对于交互媒体艺术家而言知名的视觉编程环境，近年来在巴黎美院的交互媒体课程中也被广泛使用。目的是让学生在展厅环境内实时编辑动态设计，在研究和实验中实时调整。这个过程是这次实验教学中的重要环节，由于对空间形态的设计和影像支持需要同时考虑到视觉形式、交互逻辑等多项内容，我们将学生们分成空间设计、媒体设计和程序设计这三种不同的工作组。由于 Pure Data 仍然需要大量的练习才能被掌握，为了使对这个可视化编程软件的学习更为顺利，ISDANT 先生设计了一个叫作

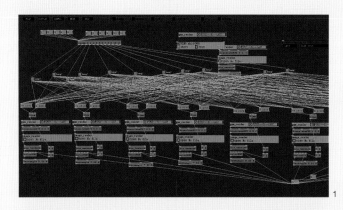

图 1 界面
图 2 捕捉规定立方体块的位置变化，以生成相应的互动效果

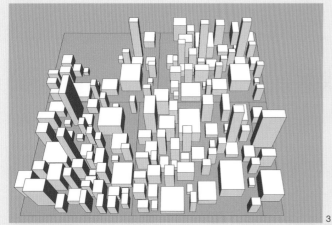

图 3 虚拟城市的计算机模型
图 4 实体投影模型
图 5 虚拟城市的计算机模型
图 6 时间累积：观众进入场所即点亮一盏光斑，它停留一段时间后渐渐变小，最后成为一个小亮点，飘移到屏幕上部并缓缓移动，过程充满诗意，并实现了多人交互

Meandre 的上层工具包，通过它创建了很多视频操作函数，来简化学生的创作过程。

将 90 名学生分为 10 个小组，每组 9 人，每个小组的成员按比例组成，按 3:3:3 分配到每个主题工作组中，使每个组都能具有多种技能。

三、作业与练习要求

老师们通过讲座形式使学生们了解新媒体艺术、声音艺术的最新案例，开启学生的思路，并分组讨论、动手制作，将影像艺术与建筑美学结合，进一步使交互媒体艺术运用到空间环境的创作中去，要求学生们在两周内完成一个整体的展示，各自的设计做到概念明晰。

对于展示的设想，可以是活力建筑、连续空间、集体造句游戏、生动的墙面壁画、迷宫……

三个工作组分别负责空间设计概念的生成，发展交互媒体艺术的

概念设计部分并进行模型的设计与制作；图像视频的采集与编辑和声音采样与合成的设计和学习相关的程序与编程逻辑，承担实时空间程序编制和空间设计组构思的影像互动方案的实现。

四、实验过程

学生首先各自独立工作，设计概念，先在纸面上工作，绘制草图并加以描述说明。这些都是基于他们所在小组的具体设计构思而来决定和分配的。

10 个小组形成 10 个交互媒体空间艺术方案，将被同时展览并组成一个整体的演示。为确保在空间设计与模型制作、图像视频采集与编辑、影像互动技术这三个方面的工作能并行不悖，三个工作组的工作从一开始同时进行，并实时地相互协调，其他两个工作组也共同参与空间设计概念的设想、调整和制定。让每位学生在各主题工作组中深化专长，最终达到多学科的团队协作。

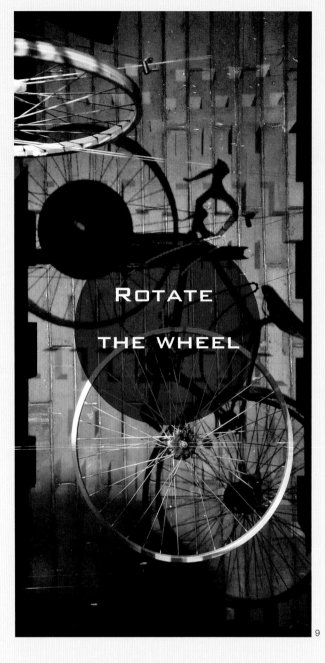

ROTATE
THE WHEEL

五、小结

　　这次联合教学与以往的实验教学相比，技术上的可行性更显突出，对于从来没有接触过交互媒体的学生而言，具有很大的挑战性，交互技术及其程序编写成为解决问题的难点和重点。Pure Data 是由 Max/Msp 的开发者开发的又一个可视化编程环境，具有强大的多媒体互动能力，专业的交互媒体艺术家想要做出较为复杂的交互媒体作品最长的需要几个月的时间来完成，在短短的两周内学生不可能掌握高难度的编程技能，做出复杂的交互媒体作品。因此，我们需要做的是让同学们认识这一种工具能实现什么，它基本的编程逻辑是怎么样的。法国老师所提供的技术支持也是根据学生们完成项目的需要而进行的。学生们也体现出了相当的主动性，他们逐渐地开始了自己对这个编程环境的探索。在展示阶段，同学们也能主动地对展厅中的不能变动的因素采取有效的对策。

　　有趣的是，在建筑领域有运用互动技术来实现的互动建筑；在交互媒体艺术领域，有运用传感器和其他硬件设备，按照设定的工作原理和逻辑设计程序，与人的行为产生交互的作品，如根据人所处的远近距离产生起伏变化的墙体，等等。这次实验教学更像是一次同学们对艺术领域中的数字化媒体的启蒙之旅。

沈颖　东南大学建筑学院讲师

图 7　生长城市：观众可以通过挪动面前的立方体模型、增减立方体数量，触发虚拟建筑的生长或逆生长，随着虚拟建筑块的起与落，体块能产生透视上的角度变化
图 8　时空之旅：单纯用 mapping 投影的展示来演绎一次时空的旅行，投射了所选的几个投射在幕布上的经典建筑的黑白图像与动态的城市影像背景形成鲜明的对比
图 9　Cycle：一个由声音触发的交互媒体装置

Exploring on Art Teaching Reconstruction and Innovation
—Art Teaching Practice of Architecture and Urban Planning College of Tongji University

艺术教学全新框架建构与创新探索
——记同济大学建筑与城市规划学院的艺术教学实践

文/阴 佳

【摘要】针对不具美术造型基础建筑类设计专业的学生，如何展开艺术教学？如何将传统的美术教学模式转换为艺术形态创造？依据当代的艺术发展脉络如何拓展艺术教学？这是我们多年来努力思考和认真实践的教改课题，同时、构建了从课堂到社会——创新与继承的艺术实践教学体系，旨在通过艺术创造实践拓展和完善学生的知识结构。

【关键词】美术教学、艺术创造、艺术教学框架建构

中国建筑院校美术教育长久以来所遵循的写实主义绘画表现方法，经过几代人不懈努力，摸索出行之有效的教学方法和完整的教学体系，取得了丰硕成果也积累了宝贵经验，并在过去的年代中发挥着积极而重要的作用，这些成了我们后继者的智慧财产。

随着时代的发展，我们在遵循过去的丰硕成果与经验基础上，还需要在教学方式方法甚或是教学框架和体系方面进行新的思考和动态把握。

一、美术课目的探寻

我国建筑类院校本科生基础训练课程中，美术课所占课时比重相当大，且基本上是客观再现的具象表达方法。当已是新世纪的今天，学生们围绕在凝聚着久远年代之前的审美标准象征的系列石膏像周围，在古典语境氛围中叙说着绘画语言并呈现出物象"真实"时，当教师将"再现"表象的成功与否作为"优秀"的唯一评判标准时，教与学双方的范例借鉴就势必定格在过去时代的造型语言方式方法上，价值观取向与思维方式也多在古典范例之间游溯。而这种教学模式又多是在"术"的操作层面展开使之日益趋向于程式化、教条化，因此又远失古典的高贵典雅气质而流于急功近利的浮浅。许多时候，这种技术训练和艺术的学习往往无缘，也因此，与美术教学根本目的是在

于对学生进行审美判断力培养及文化艺术熏陶的初衷渐行渐远。

我们认为，就建筑类院校学生学习艺术的本质而言，"美术"学习不是一个课程科目界定，而是品质意识体现，接受艺术的熏陶滋养并提升自身品质应该是从事造型类设计的人们终生自觉所为，如此才会始终保持创造的活力。

艺术学习目的从长远角度而言，是"非当下"的，是在学生知识结构体系中嵌入艺术的"基因"或"酵母"。从现实角度而言，是于艺术创作实践过程中打开艺术之窗，使学生在目不暇接的眺望中开阔眼界，聆听历史长河中人类创造与谱写的美妙乐章，以此滋润升华每一个实践者的心灵。

有快乐才会有兴趣，有兴趣才会去喜欢，因而也就会有持久的关注和学习的渴求。所以，我们的艺术教学从寓教于乐入手。

二、艺术教学的多元模式与框架体系建构

艺术教学的展开是一个系统工程。想象力、创造力、艺术形态创作方法的熏陶培养与训练，需要落实到具有实实在在的可操作教学环节，以及有实践基础和理论支持的教学内容与训练体系之中。还需要具有丰富艺术创作实践经验及理论素养、艺术视野广泛、资源整合能力强、跨学科及具备各年龄层面的教学团队。为此，同济大学建筑与

城市规划学院于2004年建立了艺术教学创新基地，旨在为今后开创艺术教学的全新局面奠定坚实有力的实践与研究平台，并从几个方面着手：

1) 体系建构：针对低年级的基础教学中开设系列"艺术造型"必修课，并通过改进教学方法与手段来强化造型基础训练。对于高年级中开设"艺术工坊"系列艺术创造实践课程，这种双线并重的艺术教学框架体系，从根本上改变了以往形式单一且仅限于在本科低年级展开的传统美术教学模式。

2) 艺术课程拓展：经过十多年探索与实践，艺术课题的开设由原先的"陶艺课"拓展为有着"砖雕艺术"、"木雕艺术"、"剪纸艺术"、"编织艺术"、"琉璃艺术"、"木刻版画"、"金属版画"、"机刻版画"、"纸雕艺术"、"国画艺术"、"书法艺术"、"绘瓷艺术"、"装置艺术"等二十多门不同艺术样式的实践课程和课题，使学生有充分的选择可能，也正是因为依"兴趣"而选，因而在创作实践中获得了丰硕成果。

3) 艺术教学空间拓展：随着艺术课题的增加，我们利用社会资源开创了一系列校外的艺术实践基地，分别创立了安徽歙县"砖雕木雕实践分基地"、江苏宜兴"陶艺实践分基地"、上海松江"剪纸与编织实践分基地"等，将艺术创作实践的空间由学校课堂向社会民间延伸，使学生有更多的观察社会体验生活的机会，将艺术实践与社会紧密结合落实到实处并使之常态化。

4) 基于学院国际交往日益趋多的现状，我们在开展上述系列艺术实践课程的同时，还有针对性地展开"中国传统文化之旅——陶瓷艺术实践"、"中国传统砖雕木雕艺术实践之旅"等教学活动。在这一系列艺术教学过程中，中外学生以此为契机，深入调查研究中国的陶瓷艺术的起源、发展与时代演变，中国传统民居的建筑样式与装饰特征及中国传统造型艺术与西方传统艺术造型特征比较研究。

5) 改变以往的评价方式：在系列艺术造型训练课程的教学中，我们将学生作品评价体系放至上海美术界与艺术院校及国际交流的大学术平台之中，许多艺术课程都与相关艺术展览和校园文化建设结合，这对教与学都是极大的挑战和促进。

6) 我们还在努力做的是：让每一个学生都了解、喜欢、热爱并研究哺育了我们民族的文化艺术，而且落实到相关的课程之中，使其不止于口号式的点缀。因而，在系列艺术创造实践课程中都将中国传统艺术特征与文化脉络作为教学的重要环节。当然，向传统艺术学习是立足点和出发点，同时关注并把握当代艺术特征和创作方法，借传统艺术的基因萌发具有超越性和时代感的创新蓓蕾并使其绽放才是我们艺术教学的最终追求。

7) 自2011年始，我们新开设了"海外艺术实践"的教学活动，每年选择欧洲的一个国家进行一个月的城市阅读和写生，这已成为我院的艺术教学特色之一，并且每年在上海城市规划展示馆进行汇报展出。

通过多年艺术教学的探索与实践，我们取得了丰硕的成果，陶艺课程被评为"国家级素质教育优秀通识课程"，同济大学的"校级通识教育精品课程"。在传统的美术教学框架体系依然保留并不断改进的同时，更多艺术创造实践课程正趋于完善和成熟，真正做到了艺术教育的与时俱进和多元发展。

三、系列艺术创造实践课程中的部分课程和学生作品

1. "陶艺设计"课程的学生作品

"陶艺设计"课程，是以"形态创造方法"研究为主线，在实践的基础上充分研究现代艺术形式及理论，以陶泥为基本材料的"概念设计"。它与建筑学等专业的形态设计在观念、语言及方法等许多方面有着广泛的共性。而且，陶艺创作的纯粹、自由和便捷使学生在较短的时间内研究尽量多的创造性课题成为可能。

图1 《陶艺设计》课程学生作品

图 2 《砖雕与木雕》课程学生作品
图 3 砖雕与木雕的拓印
图 4 《玻璃艺术》课程学生作品
图 5 《纸雕艺术》课程学生作品

自陶艺课开设至今，我们的学生作品先后参加了《2003 中国陶瓷艺术大展》、《2002 上海双年展 ——国际学生作品展》、《2004 北京国际建筑双年展》等。

2. "砖雕与木雕"课程的学生作品

"砖雕与木雕"课程的展开，首先是以创意性素描为先导，在这个教学过程中，重点是东西方造型艺术特征的比较、抽象形态的研究与把握、材料特质的发现与驾驭。然后，将学生带到安徽歙县进行调研，了解与感受徽州民居与村落的文化氛围并请民间艺人讲述徽州砖雕与木雕的历史渊源、艺术特征及与民居建筑的关系、制作工艺和手段。当学生雕制完毕之后，还需再进行拓印。

砖木雕课程还与公共环境艺术课题相结合，2013 年度课程最后一个课题就是为江苏吴江旅游服务中心设计"水乡同里"的大型木雕壁饰（2 米 ×15 米）。

砖木雕的拓片在印制的环节中既要学生自己动手做拓印工具，还需在拓印的过程中关注整个程序，把握细节以便更好地将画面特征呈现出来。在此教学与实践中，教师会切入中国传统艺术的形式特征解析与鉴赏、传统的拓印工艺等。借"砖雕与木雕"课程的展开使学生尽可能多地了解博大精深的中国传统文化和艺术。

这些拓片作品曾于 2011 年参加了《2011 上海当代学院版画展》并获奖。

3. "玻璃艺术"课程的学生作品

"玻璃艺术"建立在形态设计、制作、翻模、浇铸、配色、烧制等系列环节的工艺实践基础之上，在艺术修养、审美鉴别力、想象力创造力、工艺流程设计、对材料的把握与驾驭、玻璃的特质属性的挖掘等诸多方面对学生提出了全新要求，是进行形态设计的理想课程。

玻璃艺术的创造实践突破了传统的界限，构筑了交错共生的领域，不同要素在这里融合并激发出新的艺术语汇，在此过程中学生发现了新的创造天地。并且，这也有利于打破艺术和工艺之间的隔阂，

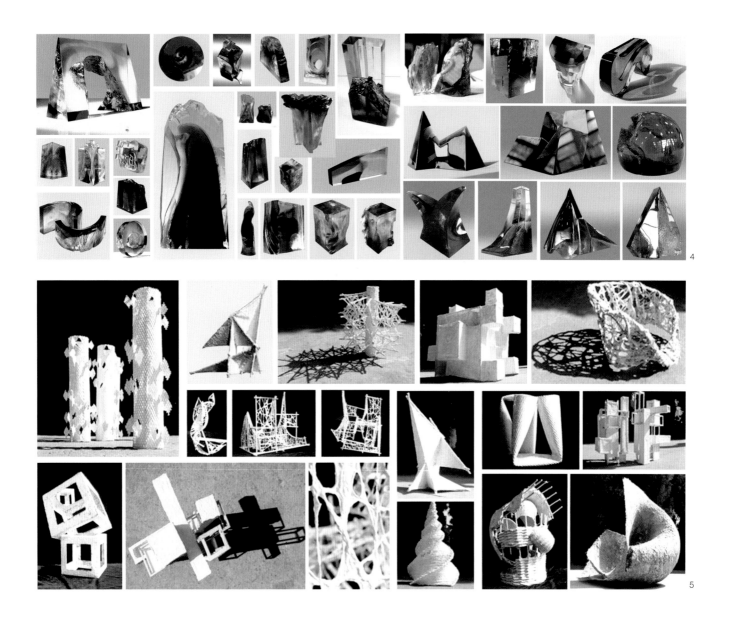

4

5

对于建构丰富全面且交叉互补的艺术教学框架起到了重要作用。

目前，学生的玻璃艺术作品已成为同济大学的重要礼品。

4. "纸雕艺术"课程的学生作品

造纸术是中国四大发明之一，对人类文明的发展产生了重大影响，与人们的生活紧密相连，艺术的发展更是与纸有着天然的联系。纸雕创作展开的前提是学生要自己动手将废纸回收做成纸浆，再自行采集提炼各类植物纤维与纸浆相融合，使之产生不同色泽、质感、肌理和透光性能，再与其他材料相结合而生成立体形态。这个课题充分激发和挖掘了学生潜在的艺术创造力。

5. "青花绘瓷"课题的学生作品

绘瓷艺术是中国传统文化的重要组成部分，也是人类世界共同的文化遗产，值得我们给予了解、关注，学习并继承传统是当代大学生不可或缺的文化使命。也因此，我们将"青花绘瓷"作为我们系列艺

术教学中的重要组成部分。而如何将传统的材料与现代艺术表现形式相结合，在古老语义中营造新的当代语境，才是我们绘瓷艺术实践的最根本目的。

这些学生绘制的青花瓷瓶，作为同济大学的礼物，先后赠送来访的德国前总理施罗德和意大利前总理普罗迪等贵宾。

6. "版画艺术"课程的学生作品

木刻版画的创作需要具有很强的前瞻性设计和对刻制过程的驾驭，这对建筑类学生而言，是非常好的训练。将"城市印象"作为创作课题，其目的是为学生搭建学习与生活的链接，鼓励并引导学生观察生活、体验生活、发现并挖掘蕴含于生活与自然中无尽的创作灵感。

学生的版画作品先后参加了《上海版画展》、《上海当代学院版画展》等诸多艺术展项，先后获《上海当代学院版画展》的特等奖、二等奖、三等奖及优秀作品奖。并且，作为校园环境建设的一部分，有不少学生的版画作品还被装饰在同济大学研究生大楼等校园的公共

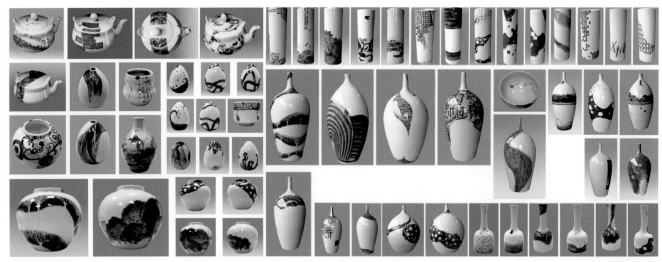

图6 《青花绘瓷》课题学生作品

图7 《版画艺术》课程学生作品

空间，使我们的课程建设与校园文化建设相结合。

7. "剪纸雕"课题的学生作品

剪纸艺术承载着中国上千年的文明与历史，贯穿着古老传统的审美思想，包容着极其丰富的民俗和生活内涵，集中体现了民间艺术的造型规律和形式特征。于我们的课题而言，既需要学生通过创作实践来深入了解中国传统艺术的形式特征及创作手法，还要突破传统剪纸仅限于二维性表现而在三维的空间中展开。这个过程既是对纷繁芜杂的世界的本质还原，也是心灵对外部世界的创造与折射，更是我们在剪纸艺术创作中的创新追求。

学生的剪纸雕作品有许多曾参加过上海市的各类艺术展项，有的作品还获得了《2009迎世博——上海大学生艺术作品展》金奖，并作为学校和学院的重要礼品赠送国内外的院校与设计院。这个课题的创作展开过程中还与"环境公共艺术设计"相结合，将其作为城市的景观雕塑设计。

8. "编织艺术"课题的学生作品

在人类的文化艺术史上，编织艺术源远流长，其历史甚至超过了文字和绘画。现代的编织艺术则不拘泥于图案的表现而更多地是在材料、肌理、生成方式甚或是空间展开等诸多方面进行着感性与理性的交互"编织"。

9. "扎染艺术"课题的学生作品

我们借助"扎染艺术"的课题使学生深度体验传统民间艺术的制作工艺魅力和理性的设计与偶发机遇的驾驭把控。在此课题的学习过程中，学生抛弃当下世间的繁浮，沉浸在创造的快乐之中。将传统的工艺手法转化成极具现代语汇的表现形式，在历史的脉络中绽放着现代蓓蕾。

这里呈现的教学成果只是我们近十年来教学探索与实践中的一小部分，在这个过程中，我们教学的师资以学院美术教师与建筑教师构成跨学科的核心教学团队，并邀请其他美术院校资深教授、前卫艺术家和民间艺人及工匠作为系列艺术创作课程的指导老师，不同的思想、智慧、经验交融碰撞，使我们的学生看到了多彩的艺术世界并将他们的思考以不同的精彩呈现着。

阴佳　同济大学建筑与城市规划学院教授

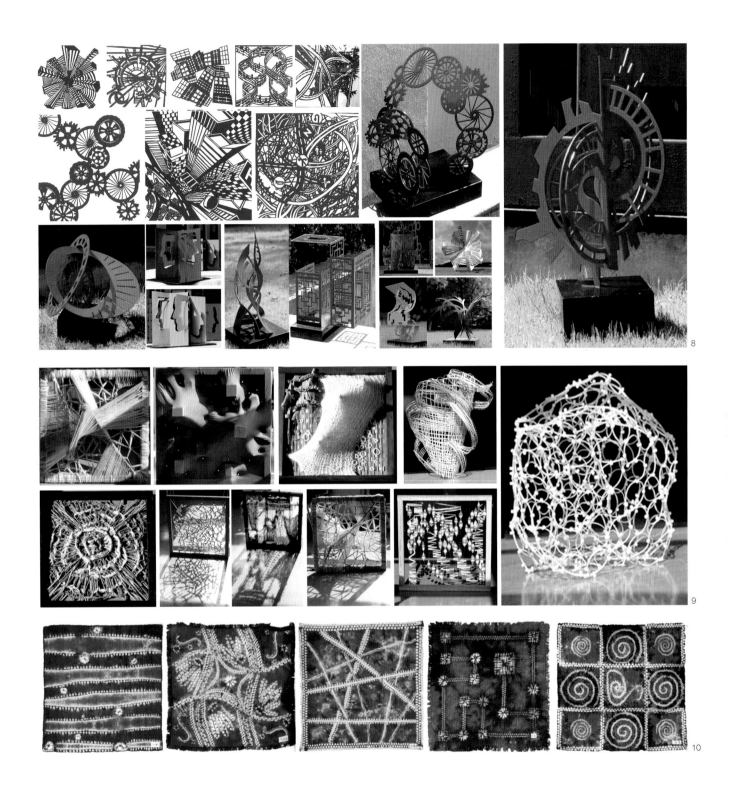

图 8 《剪纸雕》课题学生作品
图 9 《编织艺术》课题学生作品
图 10 《扎染艺术》课题学生作品

On and Off, Just Like Walking in Real Life
— Arts Teaching Experimentation by the Way of Walking Experience

时止复时行，吐纳成自然
——以行走体验为方式的美术教学尝试

文 / 吴　刚

【摘要】

艺术作为极其重要的媒介不断传递着人类物质与精神世界的讯息，不同方式的选择意味着不同的承载力以及拥有不同的受众面。美术，作为其中较为传统以及主流的方式，为艺术教育的最大切入点。然而，主流意识形态与艺术的独特性之间永远是一对相悖的论题。学生往往站在一个"预设值"前对"独特"进行模仿。笔者认为创作往往建立在独特体验与感悟之上，故在美术教育中秉承"体验诱发创作，技巧辅佐表达"的教学思想。　本文以"法国城市阅读"活动为例，将这种教学方法运用于实践，并从中得到一些反馈，来肯定与完善美术教学。此外，美术作为一种意识的出口，在表达的同时又是对感受的更深的提炼，从而诱发更独特的创作表达，如此使学生回归艺术作为情感表达媒介的本质。

【关键词】

美术教育、法国城市阅读、行走体验、独立创作

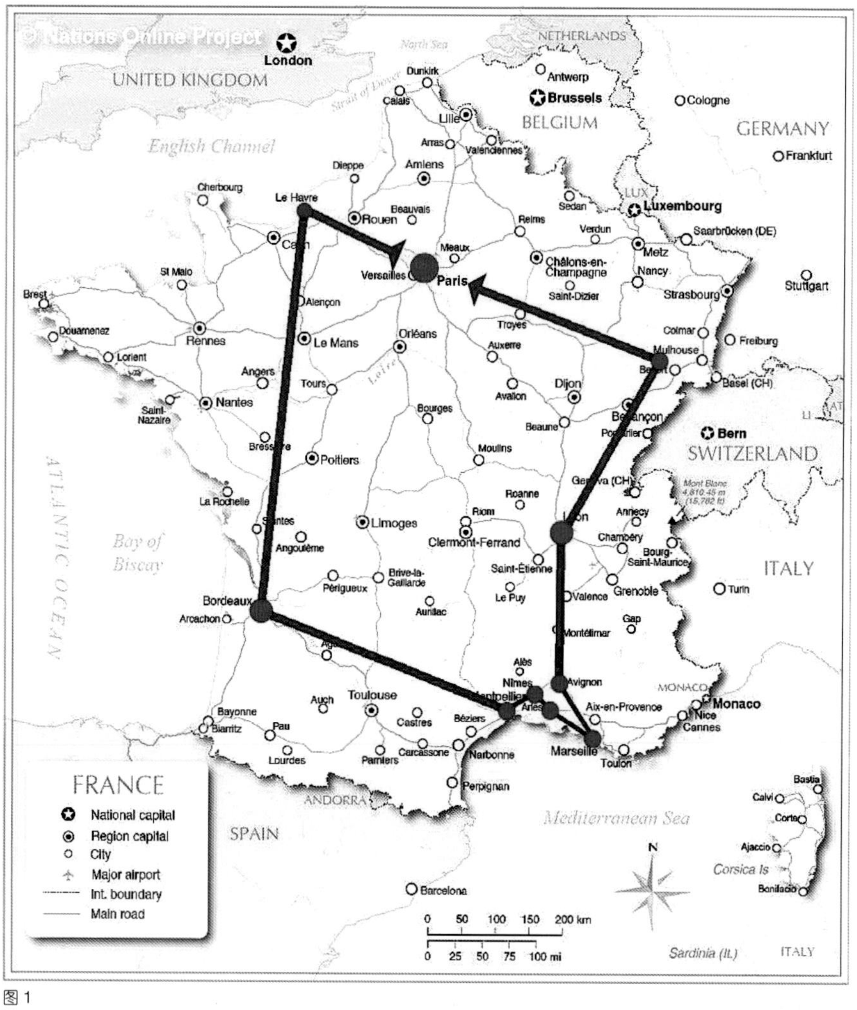

图1

作为美术教育者，同时亦为一名从艺之人，无论是教学还是创作，常常提醒自己要站在一个归零的状态去感受、体悟，并且以此督促着学生。当然，在这个有微信的时代，任何生活琐事一经转发就惊天动地，经过媒体的沙漏，是非黑白都已不是对立面。真正做到内省与不受牵制是很难得的，提笔时很难分清是自己愿意画的还是大家愿意看的。其实，回归艺术的原点，创作来于一种原始的冲动，那是对生活的捕捉与提炼，经过情感与理智的调和从而产生的一笔惊艳。因此，在美术教育上，不强加给学生任何一种主导思想，鼓励学生去体验，去思索，并用自己的语言来表达。一直以来笔者有意识给予学生足够的"创作自主权"，图面上或浓艳或清淡，却从未乏味过。直到 2013 年法国城市阅读，给了笔者又一次更为深刻的实践。

图2 作者-陆叶

图3 作者-陈海棠

图4 作者-熊熙雯

图5 作者-莫唐筠

图6 作者-孙安妮

一、2013 法国城市阅读

1. 项目背景

"城市阅读"这一教学模式即承袭自文艺复兴时期的 Grand Tour，以"移动课堂"的方式，将课堂与实地教学以及游览相结合，是一项以学生为主体的课程活动，通过让学生实地接触历史文化遗产，体验艺术与时人文事件，与不同社会群体交流，进行一种在场的阅读与感知，从而培养对城市进行独立的思考和判断的能力。2013 年法国城市阅读的"课堂"从巴黎开始，环绕法国，以徒步行走体验为主，走访多个历史名城和重要城市空间，是全方位的在场体验。而美术在此作为最为直接而有效地捕捉记录手段，来记录自己的体验以及思考（图1）。

2. 时止复时行：创作的在场性

法国城市阅读 21 天里，多半是在行走思考与停下记录这两种状态中切换，与普通写生不同的是，美术作为一种记录全方位感知体验的方式来呈现观者对环境的思考，而非仅仅对景物的视觉捕捉，故在此向教学实践中鼓励学生突破美术技法上的禁锢，鼓励多种风格以及绘画手法的尝试，以表达所感为主要目的。

3. "速度"与"激情"——快速记录，有效表达

在一开始，学生在记录时面临一些困难，首先是时间。绘画是穿插在行走中的记录方式，所以要求快速精炼。而对于非科班出身的学生来说，无论是绘画对象的选择提炼还是画面效果的完成在一开始都难以很快进入状态。绘画多半以不了了之或是不知所云结束。如此状态并非学生对场所的认知问题，而是面对所观所感不知用哪种方式表达才有效直观，是非科班的学生难以避免的。所以美术教学在此就是要帮助学生找到"对象"，简短有力，情感到位。遵循每个学生的不同视角，在保留各自风格的前提下，通过理解学生的想法，给出画面对象、构图、风格以及手法上的建议，并主张把每个人思维和性格的独特型都体现在作品中。

据笔者观察，即便是学生对于眼前的景观有些想法与主观要表达的倾向，但一提笔总难免要落入固有观念，如传统构图或是事物的固有色，即便有意要背"正"道而驰也很难抓准感受将其表达，画面也少有美感与

图7 作者 - 褚莹斐

张力。当然，这种要求对于学生可能是具有挑战性的，因为那不仅是对美术基本功的极大挑战，也是对事物认识深刻程度亦有相当高的要求。至少，笔者在法国一行中有意将主观创作作为主要训练对象，过程中学生也有相当的悟性渐入佳境，即便成果并不是尽善尽美，但也不难看出这种意识为主导的创作理念（图2、图3）。

4. 更换视角 鼓励创新

从法国北部巴黎开始，经由北部港口城市勒阿弗尔一路南下至波尔多，蒙皮利埃，尼姆阿尔勒再由马赛，里昂折返至巴黎，南北自然人文景观面貌有很大的跳跃，法国的立体感让每个旅人惊喜。孩子们的速写本也随之切换了风格，从巴黎的皇权威严的辐射力的笼罩到南部乡村轻松明亮的生活，不仅是画面的转变，也更进一步在创作载体上发挥想象。例如将邮票和车票作为拼贴素材，

或是在当日报刊或宣传册上进行创作等，无不将"在场性""即时性"发挥到极致，也更全然是行走体验的产物。感受引发创作，创作又促进思考，如此周而复始，在举步与停留之间形成自己的独立认知（图4、图5）。

二、美术教育的"行"与"止"——从"法国城市阅读"中所得

法国之行给笔者诸多思考，从学生中也得到很多启发，美术的教学应当鼓励在思索感悟与动手创作交替进行，如同城市阅读地停停走走，在自由吐纳之间方能找到自己的节奏。

1. 止——积累与思考

此次活动学生们在行前进行了一定量的阅读，这对于场所的认识深度有很大的必要性。在一定历史文化背景的理解下，文脉便

是一种极富有生命力的线索，学生们在现场的体验中往往能从现象透析本质，而思考不流于表象，如此才会产生不同的立场和所观所感。其实艺术创作更是如此，其作品所要彰显的可贵独特性也一定离不开创作者的独立的立场和个体符号。那么，一定背景和理论的积累是创作的前提。

2. 行——表达与创新

博观而约取，厚积而薄发。艺术创作应当是为表达欲望为驱动力的行为，而良好的"语言"运用不仅要有饱和的情感，"语法和词汇"的掌握也是良好表达的前提。那么在这里技法和一定审美是一个辅佐创作表达的工具，笔者并不主张将学院派的技法"导入"学生的观念，相反，是通过观察学生各自所长来扬长避短，如此，个体风格才不至于折损，也不会面临"表情"单一这一教学成果的通病（图6、图7）。

图 8 作者 - 李定坤　　　　　　　　　　　　　　　　　图 9 作者 - 陈海粟

三、吐纳成自然

　　美术教育向来不能以导入与灌输来进行，因为艺术本身作为思想意识的外显形式，它绝不是无病呻吟或是故弄玄虚，而是水到渠成，一气呵成。所以在美术教育上，笔者一直秉承尊重学生的个人符号，顺势发展，给以相关的技术指导，使其能延续自己的独立思考和创作习惯（图 8～图 11）。

　　法国城市阅读圆满落幕，这对笔者而言是一项有效直观的教学实践，其中反映出不少值得反观修正之处，当然也在此之中获得了领导们以及学生们的肯定和鼓励，相信这便是进一步向前的基石和能量。

吴刚　　同济大学建筑与城市规划学院副教授

图 10 作者 - 孙安妮　　　　　　　　　　　　　　　　　图 11 作者 - 孙元祺

On the Reform of the Arts Teaching of Design Major
— New Teaching Practice on Teaching Base

浅谈设计专业美术教学的改革
——新型的实习基地教学实践

文 / 何　伟

【摘要】
探索在新的美术实习基地的教学模式：1.教学方式的多元化；2.形式感的探研；
3.材质与工具的多样化。拓展在设计专业中美术教学的创新思维。

【关键词】
再现、表现、感悟

设计专业的美术教学实习是暑假期间展开的为期两周的离校实践课程，已经成为专业基础教学中常态化教学形态。它在整个教学环节中扮演教学深化与递进作用。从在校期间每周四课时教学课程到写生基地的两周集中实习，教师与学生们同吃同住，师生间交流频繁，师生感情更加融洽，同学间也加深了彼此的了解和情谊，营造了很好的教与学的氛围。在相对封闭的教学环境中，学生们对美术课的兴趣日益提升，特别是绘画技能与对美的感悟力都得以显著拓展和深化。

设计学科的美术基础教学改革与改良，在全国各高校一直持续与践行中，在教学的不同层面与环节均有建树且收获颇丰。就我本身的教学实践而言，似乎唯独在常规暑假两周实习期间，缺少了新鲜"空气"与鲜活"血液"。

今年暑假赴台实习，为我们提供了这样的契机，台湾之行着实让以往安稳、平实的实习带来新的活力。同学们的学习热情更加高涨带劲。顺着这股劲，如何把教学有效地延伸进去、结合起来，有待继续思考、研究与探索。

台湾有自身独特的人文传承、特殊地域特征、多样化的建筑样式及城市面貌，同时也是一幅自然的海洋性美轮美奂的自然景观，于是"营造之美"成为此次实习的主题。

"营造之美"——营造是经营与建构、想象与创意、描绘与表达的整合，是对美的感知力体悟及自主性场景图式化的设计感呈现。

具体教学实践分为两个环节：

1. 以记录，以再现
2. 以感悟，以表现

"以记录、以再现"是学生进入写生现场，直面客观景象，运用写生工具，直接描绘与记录。它要求以此时此地的景物为对象，客观再现其比例、结构、透视，并有效地处理好影、量与质的素描关系及色彩关系等。检验同学们通过近两学年时间的美术学习所获得的基本造型能力，体现的是眼、手、心相协调的基本能力，是技能与技巧手段的呈现，也是未来设计师徒手表达的重要功课与手段。

我们的目的不仅限于技能的传授。"以感悟、以表现"是前一环节的延伸与拓展，是同学们在环岛写生之旅后，对宝岛台湾的视觉所见通过心灵感受，在整体上形成的印象与认识。这种认识涉及地域的特色自然风光、建筑样式及人文传承形态等方方面面。这些鲜活的经验成为"以感受、以表现"这一环节的新养料、新视点，并为创作思路的

图 1 作品题目：台湾风景写生
　　　作品材质：水彩
　　　作品尺寸：25cm×30cm×4
　　　创作时间：2014 年
　　　作　　者：2012 级建筑学专业　沈依冰
　　　指导教师：何伟

图 2 作品题目：台湾古建筑写生组画
　　　作品材质：油画
　　　作品尺寸：15cm×20cm×4
　　　创作时间：2014 年
　　　作　　者：2012 级建筑学专业　王韵然
　　　指导教师：何伟

开启提供契机。

如果说在第一环节中，思维是常规的、单向的、定点视角的，那么反常规、多向思维和移动视角则将在表现环节得以充分运用。在"以记录、以再现"的写生中更多地强调绘画性、多因素效果追求，注重结果、感性与共性，而"以感受、以表现"则注重培养设计意识，强调分析、推敲与判断，注重过程、理性与个性。从而，我们不但获得良好的造型能力，还有对常见事物的美感感知力与表达力的提升，更培养了设计美感想象力与创造力。

在第一环节教学的具体实施中，根据同学不同层面的造型能力及不同兴趣点，将16名同学分为四个小组：水彩、马克笔、油画（油画棒）、版画，强调以技入道，以"我"为主。教学形式有大班主讲、小班辅导、个别示范等，使学生们尽可能在2周实习中掌握各种画种的基本性能及技巧。在同学们逐渐掌握驾驭各自手法的同时，鼓励彼此渗透。这种相对独立而又自由开放的教学形式，受益者是每个同学，也为同学下一个环节的创作打下基础。这种教研实践有别于以往实习中"一个地点、一天两幅、一种方法、由始至终"的形式，多画种并置，分写生和创作两个环节的组织教学，让同学们更深层地去感受、体悟写生地的风土人情、人文气息、建筑特征。

我们不只是停留在教学形式与以往不同的层面，也试图通过本次在新环境、新条件中教学的机会，激发学生们学习艺术的兴趣与热情。从而探索美术教学在设计专业的基础教学中应有的作为与价值。

一、活动概述

本次教学活动在台湾展开。2014年8月16日～2014年8月29日，由同济大学2名教师、16名学生组成的艺术造型班，以"营造之美"为主题，环台进行色彩写生实习。实习期间，以写生绘画为主体，辅以参观优秀建筑，采集台湾特色自然人文景观等内容，同时顺利完成与逢甲大学、成功大学进行交流的任务。

二、教学形式与内容

在台期间，学生参观走访各处优秀建筑和台湾特色风景，并以绘画、摄影等方式进行记录和再现。根据同学的兴趣及特点，将16名学生分为四个画种：水彩、马克笔、油画（油画棒）、版画。在熟悉绘画工具、掌握一定技巧后，加入感悟和表现方面的教学，更多地注重表达，而非纯粹写实。教学形式有大班授课、小班辅导、个别示范等，针对每个同学的个人特点，鼓励多样性发展。

三、教学目标

通过十四天的教学和实践，希望学生能够在自己的画种方面有所突破，同时涉猎更多绘画方式，综合运用，进行表达方式上的探索。在此之外，针对台湾的地域特征，收集民风民俗、建筑特征与城市印象等素材，便以此完成从"以记录，以再现"到"以感受、以表现"的训练环节的转化。在环岛写生艺术教学之后，我们不但获得了良好的造型能力，还提升了对常见事物的美的感知力；拓展了设计维度上的想象力与创造力。

四、组织形式

带队教师2名，学生16名。学生均来自同济大学建筑与城市规划学院建筑学专业，2012级本科生；教师分别来自本学院和本校教学质量管理办公室。

五、学生感悟

与以往教学单一写生最大不同的是，我们的教学分为表达和感悟两个部分。在台期间我们每天只画两张写生画，老师鼓励大家多看多想，返校之后，我们就将自己的想法整合梳理，尝试进行一些创作。尤其油画和版画组，他们都是第一次接触这个画种。他们告诉我，接触油画的开始与刚出生的婴儿认知世界一样，用眼睛去看，用手去触摸，用鼻子去闻，用嘴去品尝，用尽身体的感官去体会画画的魅力。我们分成五个小组，却并没有人来限制我们只能画一个画种，大家在写生中随时能接触到其他画种，随时能学习到各种技能，再融合进自己的画中。于是如大家所见，我们的画展呈现多种多样的面貌。我想，这就是我们的特色。虽然我们常常调侃自己是工科中的艺术生，但我们毕竟拥有两年的建筑学背景，大家又纷纷将表达创作结合了自己平时对学科的感悟，是热爱支撑我们直至今日，笔耕不辍。但正如大家说的，认知和调和色彩的方法，摸索表达的方式，这一切都不容易，我们用尽全力，如

今仍旧只是堪堪踏进艺术的门槛。而在旅行途中，画艺一个台阶一个台阶地进步，大家也渐渐从拘谨到熟悉，从淡漠到开怀，我们发掘了更宝贵的友谊和团队精神，这三者不管哪一个都足以使我们受益终生。

六、教学成果与学生创作感言

陈容律——《重构台北》

台湾省立博物馆是我们赴台美术实习中的一站，创立于1908年，藏品众多。它庄严典雅的立面以及现场沉静祥和的氛围吸引我不由自主地拿起画笔，为它写生。这也是我返沪后选择它进行创作的原因。

台北市的水文结构、路网体系与建筑本身的秩序逻辑相互叠合对比，看似混乱实则统一，再现了我对台湾的印象——历史与人文交响、秩序与趣味并存。（图3）

何美婷——《台湾印象－传统与当代》

用速写的手法记录船体、建筑、社会三者台湾元素，在对比中再现对台湾的印象。（图4）

林静之——《美食记忆》

对于台湾的记忆里最鲜活的就是夜市，拥挤的、热辣的，满眼都是食物缤纷的色彩，目不暇接。所以，这次我选择了美食主题。在处理上，我选择了当时拍摄的真实的美食照片，并使用绿、紫、深蓝、亮红、亮黄色等具有热带气氛的色彩将这些照片进行重新演绎。之后，我选择了镜面处理、旋转、缩放、剪裁等手法，将零散的照片有机地拼贴在一起，力图表现出台湾美食给我留下的热忱强烈的印象。（图5）

潘屾——《台湾随笔》

我的大作业主要是由一张A1的底图和六张钢笔淡彩组合而成。通过六张钢笔淡彩的留白形成台湾最著名的建筑之一——101大楼。这六张钢笔淡彩分别画的是北投向山游客中心、北投图书馆、松山文化创意园区、台北101和台湾"国立"美术馆。六张钢笔淡彩外的留白则由这些风景所在地的底图填充，整个图面形成较好的黑白灰关系。（图6）

图3

图5

图4

图6

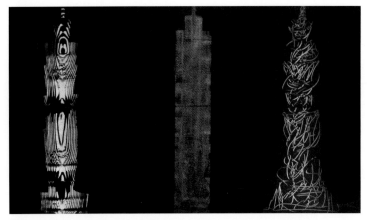

图 7

图 8

图 9

王浩然——《台北的梦》

一切还得从电影讲起。由于受到许多台湾电影以及歌曲的熏陶，我们这一代人或多或少对台湾有着一些憧憬。在我看过的许多讲述台北的人和事的电影里，人们的生活是小尺度的，一切美好的故事都发生在邻里之间的平常街巷中。然而每当镜头从街巷升起，台北 101 大楼又多半会出现在远处。记不清是哪部电影里，每当主角有心事的时候，她会坐在五六层高的屋顶，望着不远处的 101 大楼。那一个画面，一直留在了我的记忆里，挥之不去，也因此构成了我对台北以及 101 大楼一切的幻想与渴望。在少有高楼的台北，101 承载着的，应该也是台北人的梦吧。（图 7）

王康富——《粉色记忆》

正如一千个读者眼里有一千个哈姆雷特，我们记忆里的台湾也是多姿多彩的。有人对其青山绿水印象深刻，有人对其繁闹夜市念念不忘，而我，却难以忘怀它那粉砖红瓦。无论是精致的温泉博物馆，还是肃穆的延平郡王祠等，都被粉色所妆黛，我也将它们一一记录下来，汇聚成我心中的粉色记忆。（图 8）

谢天伟——《无题》

繁华喧闹的城市，人来人往。
水泥钢筋铸造的大笼，我们宛如困兽。
外面的世界安静祥和，向往，又如何？
巢在笼中。
我们自己做的枷锁，何不解开，
在钢铁森林中融入真正的自然元素。（图 9）

何伟　同济大学建筑与城市规划学院副教授

台湾美术实习场景

Teaching Ideas That Should Be Adopted in Current Architectural Modeling Basic Course

当下建筑造型基础课应采取的教学思路

文 / 于幸泽

一、教学观念

1. 改变教学思路

长期以来，中国的建筑院校的造型艺术技能训练是通过素描写生、速写练习、色彩写生和风景画写生四项内容来完成，目的就是让学生掌握绘画的表现技法和基本艺术常识。我国建筑院校的美术课程经历了几十年的发展和演变，逐步形成了一套适合我国国情的完整的教学模式。但是随着科学和文化的发展，尤其是计算机技术的广泛应用，数字化及多媒体技术的普及和更新及国外建筑教育方式的影响，我们建筑美术的教学内容与教学方式已显得日益陈旧，不能适应时代发展的要求，传统的建筑美术教学模式正面临着质疑和挑战。

教师在教学中应该要不断学习来自艺术和建筑行业内部的各种信息知识，更新教学思路，以便应对来自教学过程中各方面的挑战，要不断细化或调整自己的研究方向并与教学实践相结合。因为建筑造型基础教学有其特殊性，其目标不是培养画家，而是通过造型课程的训练培养学生的"创造意识"。将造型基础训练与专业要求有机地统一起来，使得前期课程与后续课程有效接轨，达到学以致用的目的。但是目前建筑美术教学的教师多为美术院校毕业生，由于所接受的是传统的美术专业的教学思路，所以无法体现出建筑专业特殊的教学要求，使其造型基础教学在整体的建筑基础教学框架中陷入困境。

建筑院校所有课程的设置和教学计划都是以培养优秀的建筑师为目标，而美术学院的教学是以培养优秀的画家或是雕塑家等艺术家为教学任务，因此建筑基础造型教学应该与艺术学院的基础造型教学在目的和方法上有明确的差异。建筑专业的学生学习绘画技能是通过绘画的手段去学习如何观察分析视觉现象，丰富视觉经验，熟悉视觉表达，建立符合艺术本质规律的思维方式，在体验中学习自己的艺术语言，学习目的是最终能运用到设计中。建筑学与其他学科一样都是具有创造性思维的专业，这种思维的培养本应在基础造型教学中得以体现。而现存的教学中，学生完全以被动的方式接受艺术知识，缺乏自觉意识能力和主观创造能力，造型课程的训练都以单纯的技能训练为主，这种训练方式的确在某种程度上提高了学生的绘画基本功，但是现在这种几乎完全是写生绘画的技巧训练方式已不适应现代建筑教育的发展和培养具有现代意识的设计人才的需求。艺术

创作和建筑设计上的灵感不是完全靠写生来获得，在基础教学阶段，写生实习固然可以陶冶情感和提高观察力，但是这种在艺术上获得的感性认知往往是靠学生自己的"悟"性得来，加上有限的建筑造型课时量，学生如果只靠写生习作"悟"出思维设计上的"灵感"只是对造型技能的浅层认识而不能获得创造形态的构思手段。

当下是计算机的时代，学生对待动手造型的学习情趣在逐渐下降，其中很多原因来源于教学本身。对待任何一门学问，受教者一旦对其缺乏应有的兴致，他们是很难再继续深入研究下去的。客观环境与形势在变化，在这样的变化中我们的教学目标要改变，提高学生的艺术修养和审美意识，培养创造形态能力是当代教学的重点。要改变不适应新时代和新形势的教学思路，重新构建建筑造型基础教学的结构，用"主动创造性思维训练"的教学模式代替"被动造型技能训练"的授课方式，把学生的想象力和创造力的开发放在造型基础教学的首位。

2. 重组课程结构

建筑师设计的作品是设计针对性和设计文化性的综合体，其中设计的思维方式所呈现造型特点，以及设计中的艺术观念与表达是两个重要的部分。那么在具体的教学中，教师不能传授单纯的个人的艺术经验，而是通过课程的设置，来启发学生的自主的感知能力和创意思维能力。建筑造型课程中实践课程流程应该设置为：写生实践、创意思维实践、色彩应用实践三个大部分（图1）。而赏析课程主要以当代艺术和当代艺术展览为主要欣赏和分析的内容。因此，造型教学要减少具象写生练习的课时量，让他们在短期的实践中去感知形象和色彩本身。理想的建筑造型课程应该把写生练习设置在建筑教学的全过程，让建筑专业的学生在受教的过程中始终保持处于艺术造型感知状态中。教师要启发学生多向的思考模式，让学生把精力放到创新的思维领域中，不要拘泥于形象的客观准确表达，要通过思考主观设计的创新形态，把他们脑海中抽象的概念与日常熟知的物象联系起来，运用已经掌握的造型手段来介入，从而达到创造新形态的目的。在主体造型课程结构中的"造型创意"，是影响建筑艺术形态最直接因素，也是最贴近建筑专业学生的学习目的，在这样的内容范围内对学生进行造型阐释、观念引导和创意启发，其课程效果最为显著。建筑造型基础教学的执教者要明确艺术与建筑之间的深层关系，要不断探索新

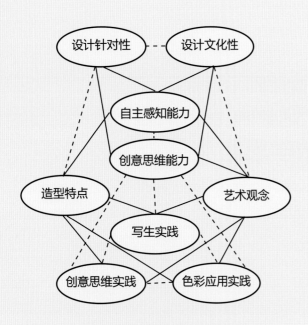

图 1 建筑造型基础课程结构分析图

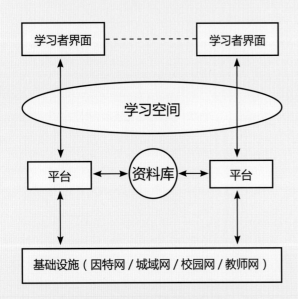

图 2 引自 李克东的信息化学习环境①

造型教学思路和新教学方法，并且要经常研发新的创意课程内容。教师自身应该学习新知识和新的艺术理论，积累实践教学经验，总结和检验新课程的有效性，才能避免造型课程与建筑设计内容脱节的现象，以发挥造型教学的积极作用。

3. 加强信息环境

现代信息技术的发展，导致人们对媒体的选择与使用方式、媒体对教学与学习方法的支持、媒体对教学方式和学习过程的影响等多种问题的看法上都产生了巨大改变，对学习环境的要求与设计是现代教学理念的一项重要组成部分。学习环境是指学生与学习资源交流的场

① 李克东 . 数字化学习——信息技术与课程整合的核心 . 电话教育研究，2011，(8,9) .

所和环境，有效而积极的学习环境是以学生学习为主、以教师讲授为辅的教学过程，其教学过程和宗旨强调学生的自我认识与自我提高。信息化的学习环境就是数字化环境，是把所有信息、图像和动态视频进行数字化处理，在这样的环境下信息呈现了多种方式：网络化、多媒体化、智能化、虚拟化和互动化的特点。要营造信息化的教学环境必须拥有多媒体电脑和互联网环境为基础，信息化的处理和解决问题的方式是信息环境学习中最核心的部分。在信息知识与技术普及的今天，对信息化的学习环境越来越引起人们的关注，加强信息化的学习环境，极大地丰富了学生的学习资源和认知工具，在学习中支持学习者在交互对话中建构学习主体的个性化意识，探索获取新知识和图像的便捷快速的途径。李克东人为信息化的学习环境包括设施、资源、平台、通信和工具几个部分（图2）。

信息化的教学环境需要提供多媒体电脑、国际互联网络、网络教室、校园网络、电子阅览室等基础设施。信息化环境中的学习资源都是经过数字化的处理，可以在计算机上或者网络环境下顺利进行，它能够激发学生通过独立、识别、选择、合作、创造的方式来寻找和处理学习信息，从而在信息化的环境下完成学习任务。以计算机与网络为利用工具的信息化学习环境与传统的学习条件比较起来，具有无比的优越性。其中开放性的学习环境和学习空间，使学生随时随地都可以借助网络来进行信息阅读、资料查询和信息发布，甚至远程互动交流。网络上的共享资源，实践了最大范围共享现实。其个性化的学习界面的设计和合作式的学习过程使异地的学习、借鉴和协商成为可能。学习知识是为了构建知识结构，从而解决问题达到创造实践，信息化的环境正是为这样的学习过程提供了高效的工具。

加强信息化的学习环境的营造，学生和教师都能够在网络或者局域资源库中明晰课程目标，获得所需的课程内容和学习资料，学生可以不受时间和地域的限制，在共享的学习平台获得、储存或者转递所需要的相关信息。学生在信息化的学习环境中，与教师共同且平等地利用当前国内外现实世界中的信息资源，并将这样的资源融入教学中，使教学处于对教学目标的不断讨论和学习资源的不断论证中，这种以真实材料为基础的信息利用，将有助于学生去发现新问题的矛盾，加深对客观现实世界的理解。在数字化资源背景下的知识具有高度的复杂性和多样性，把数字化资源作为课程可利用的内容，对于共同关注的主题内容，教师和学生都可以根据个人的需求，从不同的角度和不同的难度水准进行查阅比较。任何学习的内容只要在信息化的处理下都具有可操作性，在没有特殊的注明下，课程的目标和学习内容能够被转载、评价、被修改和再加工，它将被任何的学习者以再处理方式对其应用和再创造。加强信息化学习环境可以为学习内容提供极其丰富的教学背景材料，现代教育工具离不开计算机和网络数字化，造型艺术教学正是新颖的教学手段和社会背景下生长起来，教师设置的课程必须激发学生主动的参与的学习的过程中，学生不再是被动地接受知识，而是采用新颖熟练的数字化加工方法和加工工具，进行综合知识和教学要求的整合。在良好的信息化教育学的背景下学习，把信息的工具作为激发学生创造力的辅助手段，为学生创造力的发挥提供了更先进的客观条件。

二、授课方法

1. 鼓励与激发

建筑学院的学生上学前很少接触或根本没接触过美术技能训练，艺术院校的建筑学院设立了专业考试，考前学生训练的内容完全是应

试教育，按照高考的内容强化对命题考试的造型、构图和色彩解析，所学习的是造型记忆而并非造型技能，因此造型教学在建筑院校设置困难重重。我们的教学任务是要通过五年的培养，使他们能运用造型的原理与技能从事建筑设计创作，这就需要任课教师具有完整的教学方案，并能研发有效的授课方法才能最终培养出具有一定的艺术素养和创造能力的建筑设计师。造型艺术是以独特思维方式组织物质材料塑造出欣赏者可以通过感官直接感受到的主观形态。造型教学是学生感受直观性的培养和技能实践训练的教学，目的就是培养学生形象思维的自主表达和创造思维的独特构建。因此，现有的建筑专业学生的特点和建筑造型教学的弊端，需要教师研究授课方法，把握教学的主动性，提高学生对造型学习的热情。

建筑造型教学面对的是理工院校的学生，因此造型教学的深度和难度很大。首先，在中国理工科的学生大部分都不爱好或不接触艺术，甚至个别学生还带有排斥的心理，从而造成他们对这门课程缺少学习兴趣。其次，理工科学生是逻辑性思维方式，而艺术表达恰恰是感性的造型练习，而造型艺术教学是要由教师鼓励学生动手实践，它是学生动手实践和实践逐渐深化的过程，推动学生使用横向思维的方法，鼓励他们标新立异，打破已有的界限和传统样式，排除权威理论和发掘新的内容形式。由于理工科的学生对于这种无限制的非逻辑性思维在初期阶段会产生很多困惑，但是经过教师的鼓励和激发，帮助他们慢慢地建立"创造形象"的自信心。只有和学生深入交流才能赢得他们的信任，最后建立起与他们在教学上相互沟通的桥梁。首先要排除学生与老师之间沟通的心理障碍，就是常提到沟通压力。在课堂上要多用鼓励的教学方法，才能激发学生艺术潜质，尤其在学生的作品评比中对具有独特思考能力和独特观察角度的作品要给予充分肯定，这样就使他们从艺术"被动"的旁观者角度转变到"主动"的艺术实践者，最后变成自觉和积极地去进行造型表现。当代的艺术教学是处在透明信息社会背景下进行，信息的交流消解学生心理上的障碍，教与学会制造出轻松和热烈的学习气氛。其次是鼓励学生在课程之余，练习绘画表达和动手的技能，跨越课堂内容的局限，将造型课程与学生的课余生活紧密结合，这样就会激发起他们的学习热情和兴趣。最后创意思维课程部分，学生跨越绘画技法的障碍，教师要鼓励他们用多重思维思考，激发他们的想象力和表现语言的独特性。同时教师的评价语气非常重要，肯定性的评价方式能让学生有成功感，激励学生在不断的实践中获取经验。因为造型艺术的批判标准完全是个人感性认知的标准，教师的执教态度直接影响学生的学习情绪，不然学生就会走向极端，最终丧失对造型课程的学习热情。

2. 启发引导

学生理解艺术知识过程，是感性认识和理性认识相结合的实践过程，因而"启发"和"引导"是调动学生学习的主动性的最好手段。古今中外教育家都很重视启发与引导的教学方法。孔子提出"不愤不启，不悱不发，举一隅不以三隅反，则不复也。"[2]的教学要求。在教学中做到：引导和启发，使学生既有浓厚的学习兴趣又建立了极强

② 出自孔子《论语－述而》，意思是不到学生努力想知道但依旧想明白的时候不要去开导他；不到学生经过冥思苦想也想不通时，不要去启发他。如果学生不能举一反三，就不要进行下去了。

③ 奥古斯特·罗丹，（1840年～1917年），法国雕塑艺术家，是19世纪和20世纪初最伟大的现实主义雕塑艺术家，罗丹、马约尔和布德尔，被誉为欧洲雕塑"三大支柱"。

④ 马约尔(1861年～1944年)罗丹的学生，法国杰出雕塑家和插图画家。

的自信心。古希腊苏格拉底在教学中也很重视启发的教学思想，他善于启发这种教学方式，让他的学生有更广阔的思考范围和更丰富的结论参照。

如果学生具有了艺术上基本的感性知识，那么他们理解书本上的艺术概念就相对容易。否则，学生对学习的艺术概念始终感到疑惑和抽象。例如：为了使学生理解一些抽象艺术概念，教师应该做出一些实例把知识概念联系到实际中去。在多年的教学实践中，笔者做了很多这样的例子。有一次在创意思维的授课中，让学生自己选择物件画一张素描，但是要求学生把选择的物件"破坏"掉一半，然后把剩下的一半物体画成素描，做艺术"偶发性概念"的练习，学生开始对偶发性只是文字层面的理解，就是"偶然"发生和"无意识"的创作。但是对待偶发性在创作和艺术设计中的怎样运用却一无所知，作为教师这时必须进行有效的引导和启发。首先我给学生们做了一个简单的例子，我把桌子上的一瓶墨水故意打翻，这时候墨水流淌出来形成了意想不到的图形，纸上显现的图形就是"偶发"的结果，学生们顿时恍然大悟。接下来的实践课程中他们有的把冰融化，把玻璃摔碎，有的把不同颜料一起搅拌等，通过举一反三的道理，调动了学生的积极性和热情，课堂气氛异常活跃。这种实物实践与直观教学能启发学生的主动思考，把他们陌生的抽象概念与他们熟悉的事物结合起来，从而达到对教学概念的深刻理解。因而在教学过程中启发与引导非常有效，树立学生学习的主动性，是课程成功进行的开始。建筑造型教学方法还在于教师对学生心理上的引导，学生对新的课程设置一开始存在疑虑，他们在上学之前耳濡目染的美术学院教学就是传统的长期作业的写生。如：大卫石膏像或长期全因素人体写生。在一次授课中，我要求学生面对人体模特，十分钟画出十种状态，多数学生无法理解教学的要求。我强调"感性"与"直观"要贯穿写生的全过程，并列举了罗丹（Auguste Rodin）[3] 的人体速写，马约尔（Maillol Aristide）[4]的短期人体素描画，学生们才知道比例与结构的准确不是课程的目标，而对物象（人体）的描写态度和实践体验过程才是训练的目的。因此学生们开始成为课堂的主角，他们自由选择位置并用不同的绘画工具，以人体为参照表现和强化个人的真实感受。

3. 纵向比较

传统建筑美术写生课程是需要学生们的作品在一起做横向比较，互相学习借鉴，造型基础好的学生可以带动和影响那些造型初学者，这样的方法对提高学生的形象表达技巧非常有效，有利于促进学生的绘画训练主动性。其方式就是把学生的作品集中摆放在一起，由教师逐个点评，作品之间容易比较和参照。但是随着现代教学方式的不断变革，学生在不同的表现方向和不同观察角度会呈现的不同造型样式，甚至使用的造型工具都存在很大的差异，因此同学之间无法横向比较。

新的教学内容和目标在改变，训练高水平的造型技能不是我们教学的主要任务，而对这样的新教学目标教师在作业指导上做"纵向比较"指导效果会更显著。例如在创意思维训练的课程上，学生的想法和表达要做到自主和独特，有的是抽象的表现，有的是具象的表达，所以他们之间很难比较也无法沟通。因此，作为教师，必须是广泛阅读，知道历史上各个时期的艺术家和杰出的艺术作品，学生如果喜欢具象的风格，或是具象的表现概念，就可以推介这样的艺术家给他们学习和借鉴。如果他们喜欢抽象的风格和类似的艺术观念，就引导学生在抽象方面的欣赏与学习，防止重复历史上已有的艺术概念和艺术形式特征，而在茫茫的学习中迷失自己，到头来被人指责是抄袭的行

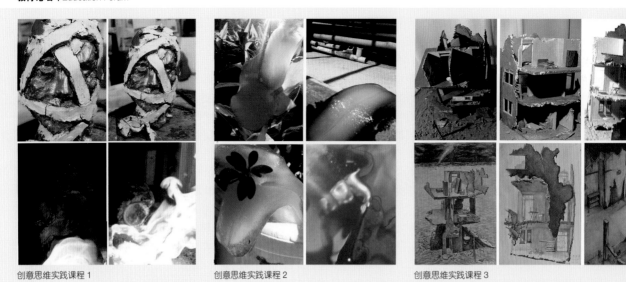

创意思维实践课程1　　　　　创意思维实践课程2　　　　　创意思维实践课程3

为。纵向比较的学习方法，在以往教学中是非常困难的，因为不知道你的表达方式和呈现风格，在大洋彼岸二十年前就有艺术家创作出了杰出的艺术作品。现代科技使信息的传播有了更加便捷的方法，我们使用计算机和互联网络很快就能查找相关的艺术风格和艺术流派，对艺术风格的产生和发展背景都有详细的介绍。这时教师需要向学生指出借鉴方式与方法，指导学生在哪些方面可以弥补，在哪些方面可以超越。这样，学生即使在创意阶段学习也不会迷失自己，对既定课程能正确理解教师的要求，从而在艺术实践中真正的进行创造力的表达。既然艺术教学本身是一种创造性的工作行为，那么运用的教学方法必须要根据实际情况具体思考和灵活运用。

4. 因材施教

建筑学科学生对于造型课程所表现的艺术潜质不尽相同，那么传统的课程设置是以提高造型技巧为主要学习目标。但是现在学生的造型能力高低不均，必然会出现个人能力和集体教学要求相矛盾的现象，新型的建筑造型教学是以培养学生的创造力为教学目标，课程加大创意思维课程的比例，在这种情况下，教师在教学过程中必须实行因材施教。

有些学生从小就有美术方面的爱好，入学前有艺术知识和造型基础技能，这类学生相对于其他初学学生就会存在明显的造型技巧的差异。而创意思维的课程设置，恰好消解了学生之间造型技能高低的比较，把学生引导到统一的思考范围，学生根据教师设置的内容，把客观造型变成了可备选的表现形态，而非是造型学习的目标，从而更能激发他们的想象力和引导他们在多个表现领域的尝试，而不是统一目标要求下的造型技巧。学生在教师的鼓励下会有意想不到的造型结果，因为每个学生的想象力和创新能力不同，所以教师必须根据学生的作品结果做单独分析和讲解，引导学生在他所创作学习的道路上往更深方向上去实践，介绍他们借鉴和学习在此的造型方向上的杰出的作品或者类似的艺术风格。以学习为主，借鉴为辅，尽量避免在造型语言和材料使用观念上的重复，使自己从中独立开来。在授课的过程中根据学生的不同爱好和不同的创作方法，教师必须在授课前做好各个学生的评判准备工作。因为学生的作品是没有统一的形态面貌，还因为学生的创作方式、使用材质和运用工具都有很大的差别，因此因材施教不仅因为教师面对不同的学生，还表现在学生使用的工具和表达的方式上不同，要求教师实施不同的指导

和讲授，所以"因材施教"是建筑造型基础教学重要的授课方式。

三、鉴赏与实践

1. 提升艺术鉴赏能力

传统的建筑院校美术教学长期以来一直把技能训练放在教学的首位，学生们学习和训练的结果提高了绘画技巧，但是对于学生创造力与设计意识的严重缺乏便成为必然结果，我们课程中的技巧性训练所解决的只是造型能力，现在面临的计算机时代，对于物体的结构、体积、质感等的表现，在电脑里瞬间即可近乎完美的呈现，在这样的时代里我们对无法脱离如此方便快捷的使用工具，因此提升学生的审美鉴赏能力和加强艺术创作实践是建筑造型教学重要环节。

懂得欣赏，才懂得创造。在艺术鉴赏界流行一句话"眼高手低"，就指人的审美鉴赏能力始终高于手头表达能力，就是"眼界"高于手头功夫。造型艺术是视觉表达艺术，人们总是能通过各种渠道和媒介看到不同水平和不同种类的艺术形式，开阔自己的眼界，知道和掌握了自己从事艺术方向的广度和深度。即使艺术基本功不高，但是思想意识却走向很高的阶段，只有审美修养超越基础技巧才出现"眼高手低"。广闻博记，鼓励学生广泛接触艺术创作，关注国内外最新艺术展览和专业讯息，"多看多欣赏"是提高审美鉴赏力的重要方式。建筑造型基础课程中，要加入一定课时量的鉴赏内容。鉴赏不是理论，是让学生知道和了解的有关艺术方面的讯息和艺术家作品资料。教师要开设赏析课程，定期举办艺术讲座，让学生广泛地接触更多种类的艺术形式和艺术思潮。赏析课程的授课老师是造型基础的教师或是校外邀请的艺术家。因为教师本人或者艺术家就是艺术创作者，所以他们能更生动、更深刻地讲授艺术的创作理念和创作方法，尤其是对当代艺术的创作方式和形成语境做更加生动的解释，引导学生去鉴赏、识别和吸收当代艺术的营养，充分挖掘每位学生对绘画艺术、装置艺术、摄影和新媒体艺术方面的感受力，使他们在建筑设计中能开拓思路，形成自己独特的思考结论。教师要求学生作艺术欣赏笔记，给学生讲授的当代艺术创作信息，作为日后创作灵感的素材。在课程中教师的任务是和大家一起分享当代艺术在世界范围内形成的原因和对其作品进行剖析，不要特意引导学生对绘画、装置还是摄影方向的偏好，也不要以教师个人的爱好去偏执地导向和同化学生，要给学生自己留一些想象和认知的余地。

教学的目的不是使学生和老师具有同样的欣赏水准，而是提高学生的眼界，认识和掌握当下的艺术信息和艺术发展的面貌。课程中教师尽量做到和学生一起分享艺术的成果，多回答学生提出的当代艺术知识方面的问题。关键是教师要对现当代艺术持有自己独到的见解，分析现当代艺术的特殊性和时代感，分析存在的语境和表达的观念。增加了艺术方面的审美鉴赏能力，就会使学生们心胸开阔，这无疑对他们专业设计的创意构思、造型方法、表达方式各方面都有巨大的帮助。在以往的美术史讲授中，学生只是被动地接受教师在台上泛泛地对艺术史的传达，而在建筑造型基础里的赏析课程，讲授的艺术知识的范围是发生在当下的时间里和属于我们时代的艺术，学生必然会有浓厚兴趣；另外上课的时候不是给学生增加压力，而是让学生置身于当代艺术展览当中，学生们面对的不仅是作品，而是更多形式作品的综合呈现，使他们对展览整体的布局与作品之间的关系都有新的认识。在这样的课程中，学习到的不是狭隘的艺术史知识，不需要他们去记住生硬的艺术系统里的名字，而是要求学生对发生这样的艺术观念和想法形成自己的见解，在观念至上的

时代，提高了他们的审美鉴赏力，同时也培养了学生独立思考的能力。

2. 加强艺术创作实践

提高学生们的审美鉴赏力的另一个重要途径，就是进行艺术创作实践。这里所阐述的不是绘画基础技能的训练实践，而是通过创意思维课程的实践，提升学生的审美鉴赏能力。在建筑造型实践课程里，有创意实践、色彩的应用实践和写生实践。通过实践训练，培养了学生的艺术兴趣和绘画的技巧，也培养了他们的艺术观察事物的能力。在实践课程里，督促学生课程之余关注及阅读相关的艺术知识，扩充了课堂的有限范围，对学生的艺术修养和审美能力的提高会有一定的帮助。由于建筑专业的很多学生艺术知识非常狭隘，认为美的东西就是就是具象的，甚至是写实的，能够读懂的就是美的艺术和高尚的艺术，这是具有浅薄艺术知识的学生的普遍观点。其实艺术家创作是来源于自然，但艺术不是以再现自然为最终目的。艺术家能够主动地驾驭作品不是被动地机械模仿自然，是超越自然，甚至创造自然，这是建筑造型课程要重点解决的问题，也是扭转和提高建筑专业学生的

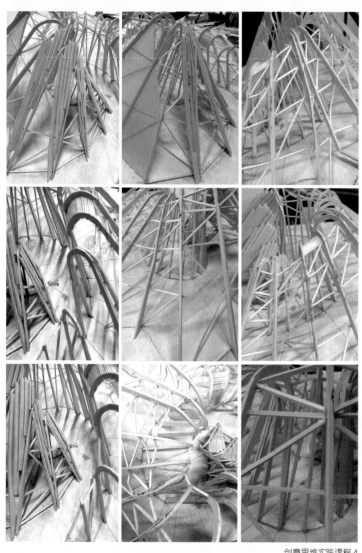

创意思维实践课程 4

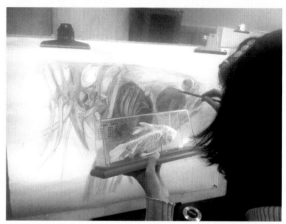

动物骨骼放大写生

空间色彩实践

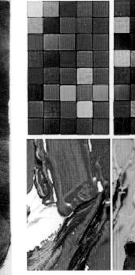

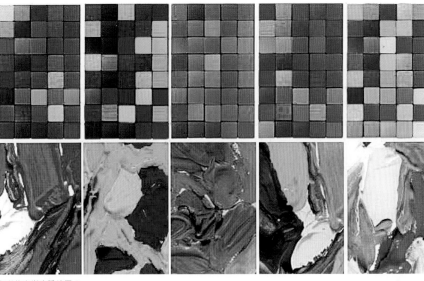

色彩的直觉实践练习 2

人体写生

色彩的直觉实践练习 1

素描放大写生

植物写生

审美意识的关键。单纯高超的造型技能有的时候能够吸引人的眼球，那是因为它的工艺技术，但是那绝对不是这个时代对艺术的理解和要求。艺术家要做的就是把原来存在于客观自然世界的不相关的元素，归纳成符号，通过自己独特的手段让这些符号明晰并强化出来，最后把常见的自然的素材塑造成全新的艺术形象，这就是创造，就是当代艺术的观念，这也是对创造观念的剖析。在课程实践中，随着学生的审美能力和艺术素养的提高，着重加强训练和强调学生的创造意识和设计意识。让学生懂得设计是有目的、有计划的创新，而艺术是个人情感的即兴发挥，艺术和设计二者之间在当代社会关系紧密，他们的概念相互渗透。在造型基础教学中，鼓励学生建立创新意识，摆脱客观物象固有形态的表象，利用不同的形式语言和符号甚至不同的工具进行艺术表现，如此贯穿于教学过程中是造型基础课同设计基础课之间最佳的衔接和补充。在实践中笔者亲身看到，学生们认为的造型课程就是绘画课程，只有绘画才是造型，这样的认识是普遍存在的，这就是艺术修养也是审美的问题。我们学生通过了造型创意课程的大量实践，改变了他们的审美的心理，创意思维训练使他们重新认识自然和美的关系。创造的新形象是生动的，是超越了自然的固有形态，只有通过学生自身的体验，才会让他们有深刻的认识。审美鉴赏如果只是意义上对知识的摄取，那么学生始终处于以一个被动角色，只有让他们同步实践，才能最终提升原有的审美层次。

于幸泽　同济大学建筑与城市规划学院副教授

Artistic Form and Architectural Form
— Experimental Subject Analysis Based on the Design of Temporary Exhibition Pavilion in Youth Olympic Games

艺术的形式与建筑的形式
——基于青奥临时性展亭设计的实验性课题解析

文 / 韩　巍

【摘要】

近年来在国内的建筑设计领域以及设计教学研究领域中有关"临时性建筑"的研究日益升温。国际与国内的一些院校与设计机构也逐渐展开有关"临时性建筑"的理论研究与应用实践。2013年，南京艺术学院设计学院受国际奥委会以及青奥组委会的委托，在南京艺术学院展开了"青奥临时性展亭"的实验性设计与教学研究。本文就"青奥临时性展亭"建筑设计的教学与设计工作过程进行了探讨和总结。

【关键词】

实验性、临时性展亭、建筑形态

一、 实验性课题的概况与教学内容

2013年春夏之交，受国际奥委会以及青奥组委会的委托，南京艺术学院设计学院拟定了基于青奥实际项目的课题工作计划。并组成了由环境设计学科的教授和建筑学的相关教师以及近20多名研究生组成教学团队，展开青奥临时性展亭的实验性教学与实践研究。设计成员由郭达飞、王方、施艺、龚恺、李佳、许哲诚、李丞、孟可鑫、李婷婷、张春霞、武雪缘、张舒璐、乔岳、唐薇、熊西雨、徐莉莉、王玉霞等学生组成。旨在探讨艺术的形式与建筑的形式的有机联系，以及如何运用艺术与科学的设计方法来建造一种临时性、交互式的、非标准化的建筑形态。

该建筑位于青奥村场地内部，课题要求所设计的建筑面积约为50～100平方米，为临展建筑。以临时性、新颖性、创意性为定位。其建筑功能具备角色模型展示、视频放映展览、研讨交流与休息等特色。

此次教学课题为递进式的教学模式，要求以实验性的角度，从艺术形式的演绎、建筑的形态生成、主题展现、空间组织、表皮与材料以及结构与建造等方面，按步骤逐步深化。我们将参加课题研究的学生合理地分为8组，并按设计的要求制定了工作流程与进度计划，在设计的过程中每周反馈项目节点完成情况，确保项目设计的完整性。

二、 实验性课题展开的主题与方法

根据青奥会的主题与精神展开设计研究，首先，课题组研究以及选择契合的立意，形成可深化设计的指导性理念。其次，研究临展建筑设计具体表达、设计主题及可行性研讨。其三，从对南京文化、青奥文化等方面的解读，对青奥临展建筑的概念进行发散思维，为设计提出了一些简单的思路。例如对话、凝聚、生命力、吸引、"漂浮的云"、蜕变、飞翔、编织等类似抽象意义的词汇。在研究过程中，课题的具体设计阶段主要对具有可行性研究的方案进行深化设计，从理念生成、设计来源、形态演变、平面布局、立面形式、功能分布、内部陈设、构造方式、青奥标识的运用、材料与建筑结构、最终效果等方面，均从不同的角度展现其设计的意义与价值。

第一，整个设计的探讨希望以艺术的形式来引导建筑形式的生成。因此，课题主题与方法的研究希望学生从自然形态与人文形态展开相关的研究，在这些形态的元素中寻找可以启迪设计的思维方式，为设计找到表现的方式。在研究过程中，很多学生通过对自然界中物种的结构形态以及人文特征进行研究分析，并特别利用了以自然界以及南京地域的各种物质的原型、结构体系及其生成方式和规律为研究对象，通过类比的方法来创造新颖的建筑形式。

自然形态与人文形态的研究为学生提供了广泛的思维空间和思维形式，也为我们课题设计形态的研究与分析提供了依据。学生通过这些形态元素与空间关系的关联性研究，形成了启发创作的思维与设计方式。因此，我们希望通过有效的方式，从这些形态元素的构造及对人们心理空间感受上的影响等方面来进行较细致地分析和研究，以期寻找出有趣的设计观念和设计方法。自然形态的结构千姿百态、变化万千，如花朵、花瓣、花蕊其特有状态体现了形式的丰富性；而人文形态的历史性、文化性、场所性与符号性更体现出形式生成的精神特性。其中在形态创意中所体现出的梅花花瓣有秩序的排列；果实壳体的自由弯曲；具有青奥人文意向的色彩元素；中国传统建筑的营造意识等，均使学生在设计时自觉或不自觉地去进行研究，学生从自然与人文的"自发性形态"中得到所传递出的信息，并通过借鉴这些形态元素最终完成建筑形态的模拟和功能的体现。

第二，整个实验性设计课题的探讨希望通过对于形态的整合手段来达到创造建筑形态的目的。当然这里的整合并不是简单的加或减，而是通过形态的梳理与功能设定以及主题内容之间建立起联系，达到形态与功能间的合理转换目的，这就形成了设计形态在主题上、形态上、功能上以及技术表现上的有机增值。我们把这样的概念形态的生成在此归纳为：生长模式、表面模式、编织模式、运动模式等，最后形成符合设计者心理感受的建筑空间形态。

在形态的有机增殖过程中，空间的组织结构是我们进行建筑形态创作的依据。首先，我们运用了大量的"编织性"和"多孔性"的意喻概念，并将它们成为建筑空间表面模式的灵感来源。在研究中，我们希望把建筑看作一个容器，将建筑的表皮作为容器的外壳，通过空间的功能、结构、表皮的塑造；以及对建筑形态要素的变形、游离、挤压所产生的变化；使空间流出，形成灰空间、开敞空间、过渡空间等。其次，将建筑的形态的内部空间也作为研究的主体，设计中，我们借助了形态建构的可塑性和连续性去实现建筑形态内部空间的整体性，包括内部空间的平面的互迭，空间的接续，从而形成了一些不规则的、含混的、有机形态的形式特征。

第三，在建筑形态的研究中，除了形态本身的思考，希望学生通过巧妙的建筑空间、空间的功能组织以及形态的细部构造，关注建筑对场地的适宜性与生态性，合理地通过光能、热能、风能、雨水等多方面的协同，来建构一个高效低能的建筑空间。

三、 实验性课题方案解析

方案一 "梅影"（设计：孟可鑫、李婷婷、张春霞）

建筑设计从奥运精神、南京文化和青年特色三个方面出发，同时考虑中国传统的建筑型制，并以汉字"人"的字体结构为原型来生成建筑的形体。在建筑形态的表达中，我们提取梅花图形作为建筑表皮元素，由梅花图形表皮所形成的孔洞效应，使建筑内部在引入最充足的阳光的同时，能够在不同的时间段营造出变化的光影效果。

在材料的使用上，选取激光切割铝板穿孔表皮，并结合玻璃开窗，使建筑内部的空气得以流通。这些孔洞可以利用热差使建筑内的空气流动，孔洞式的光孔可以通透地引入天然光线。这种表皮与腔体的协同作用的机制，通过对建筑形体空间的有机处理，得到了合乎逻辑的生态效果。而建筑内部空间我们运用不规则的四边形，折叠出不同高度的展台及坐凳。同时结合建筑外表皮图案进行局部镂空，使建筑内外的形式得到统一（图 1-1 ～图 1-7）。

立面生成：

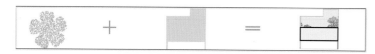

建筑角度的选取形式：

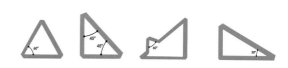

形式组合：

室内陈设：

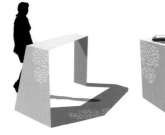

1-1

形式演变：

1-2

表皮生成:

1-3

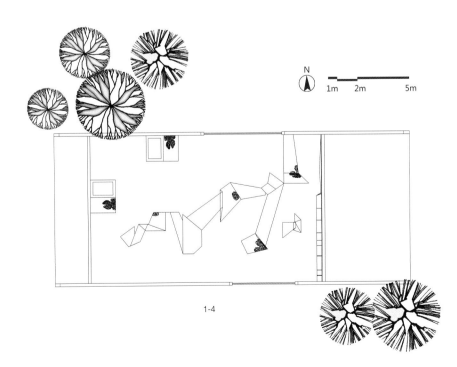

1-4

图 1-1 "梅影"建筑形态生成与形态组合
图 1-2 "梅影"建筑形态演变
图 1-3 "梅影"建筑表皮生成示意
图 1-4 "梅影"建筑平面示意

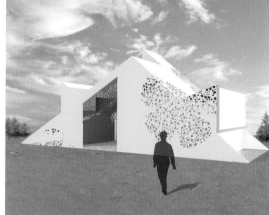

1-5

1-6

1-7

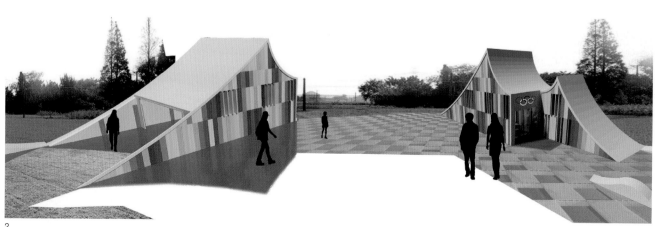

2

方案二 "media" （设计：孟可鑫、李婷婷、张春霞）

设计从奥运精神的角度出发，通过连接将"人"与"人"交织在一起，构成一个"M"式的交互空间，建筑表皮用木板附着12种奥运色彩，呈现"呼吸式幕墙"。"呼吸式幕墙"运用了旋转百叶窗，它们通过轴线360度转动，以及正反两面运用彩色和白色的分割，形成了色彩鲜明的模数化彩窗。模数化彩窗还可以根据参观者角度的变化，产生不同的情景体验。其中，斜屋顶的处理加上彩窗的装饰让整个建筑生动活泼。

建筑的外部空间将建筑与起伏的座椅有机结合，形成一个连贯、互动、多变以及开敞的公共空间，使体验者犹如在丝带漂浮的环境中穿梭，同时建筑环境配合建筑立面彩窗展现了生动活泼的奥运气息和积极向上、友谊互助的奥运精神。

建筑的内部空间采用纯白色调，内部陈设运用一体化形式与建筑立面融合，形成一个整体的内部公共环境（图2）。

方案三 "树憩" （设计：李佳、许哲诚、李丞）

设计从南京的行道树法国梧桐获取灵感，并以梧桐为原始形态，从树的形态、材质出发进行设计；建筑的形态还衍生梧桐的生长意义，充满了生命力和张力。整个设计过程中始终贯彻绿色环保的思想，其

一，通过植入雨水收集的功能以及使用再生木材、竹材和可回收利用的材料来减少对环境的压力；其二，以较简单的结构来减少建造过程中的碳排放；其三，考虑采用喷雾降温以减少能源消耗，同时在屋顶使用透光不透明的膜材料来过滤多余日光。整个设计希望通过这些手法来减少建筑对环境的影响，从而传达出绿色奥运的精神。

建筑形态的设计者选择了再生木材作为建筑的围护结构，并在建筑的顶部利用张拉膜形成一个巨大的"雨水收集器"；立面运用钢架结构加以固定造型；而木质的百叶表皮形成丰富的形态细节，在功能上也满足通风与遮阳的需求（图3）。

方案四 "对话框" （设计：郭达飞、王方、施艺、龚恺）

"对话框"的灵感来源于对青奥精神的检索以及对青奥会会徽中对话框的形态探索，从而形成logo中的形态衍生。该方案侧重交流对话的内涵，在形态设计上以对话框为原型，通过视觉以及功能需求的演变与发展，将对话框形态旋转，呈现首尾呼应、螺旋造型的建筑形态。同时在形态上结合展示、咨询、休憩等功能以及关注环境、人文特征等综合因素，形成一个形式与功能有机结合的设计方案。

建筑形态的设计者选择了镂空亚光金属板作为建筑的表皮，希望形成具有朦胧的、延展的、漫反射的视觉效果（图4）。

方案五 "蜕变" （设计：郭达飞、王方、施艺、龚恺）

设计灵感来源于自然界中"化茧成蝶"的生物进程。蝴蝶的进化是一次完美的蜕变与成长，整个设计利用这个主题并延伸到青奥精神的深层内涵中，形成对青少年未来健康成长关注的寓意。在设计形式上，利用叙事与空间结合的手法，从对折—挤压—约束—突破的手法上援引"化茧成蝶""蜕变"过程，利用虚实空间结合的手法来模拟前后蜕变关系，呈现出一个自由、轻盈与流动的形态特征，完美地展示了建筑的形态；同时结合了展示、咨询与休憩的功能体系，给人们带来一种兼具体验与视觉享受的空间环境。

建筑形态的设计者选择了张拉膜作为表皮的包裹，并综合了材料、气候、体验等设计要素，希望形成一种飘逸的、自由的造型（图5）。

方案六 "青春编织梦想" （设计：唐薇、熊西雨）

该方案以雨花石作为建筑形态演绎的元素，希望形成象征性与地域性相关联的设计模式。方案通过对雨花石形态的提取，并对其外轮廓进行几何边角处理，经过适当的形态扭转与移动，形成一个较为时尚的建筑形态。整个形态的视觉模式以编织机理呈现出来。编织是一种古老的手工制造方式，最早的编织源于自然界中具有机理的生物形态的模仿。方案从根据雨花石的机理形态与编织的生物特性，从基本的组合关系开始，根掘纤维体的形态特征，形成了独特的网状空间结构与表皮结构。

建筑主体钢结构承载起整个建筑的全部荷载，空间的围护界面采用了新型防紫外线的膜结构，减少阳光直射，同时具有透气性、防雨性等功能。建筑表皮运用橡胶制成的彩色绳子编织，色彩取自青奥的logo，体现青春活力。室内空间以线为元素形成空间的界面，效果虚幻缥缈，层次丰富多变。几何形座椅融入线的编织元素，与外部整体效果和内部空间氛围相呼应，体现出一种生命的活力（图6）。

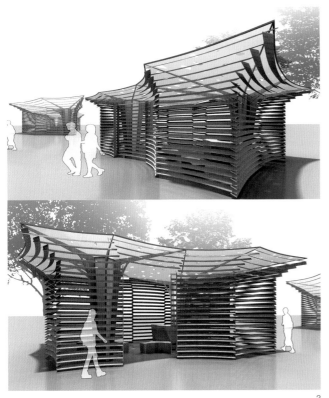

3

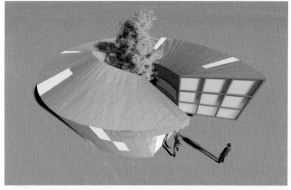
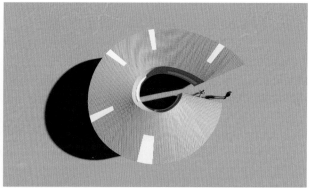
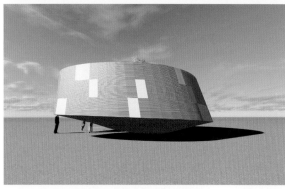
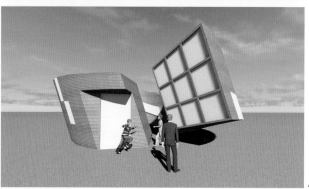

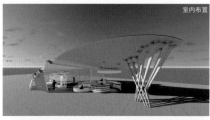

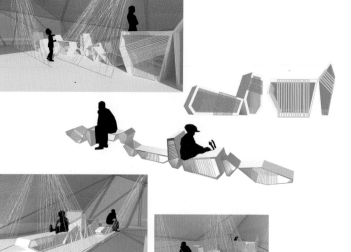

图 4 "对话框"建筑形态
图 5 "蜕变"建筑形态与内部空间效果
图 6 "青春编织梦想"建筑形态与内部空间效果
图 7 "顽石"建筑形态

方案七 "顽石"（设计：武雪缘、张舒璐、乔岳）

顽石，取顽强拼搏、自强不息之意。顽石，棱角分明、形态突兀，虽然历经洪荒，尖锐的棱角被磨平，形态变得成熟、圆润，然而顽石之心始终不变。顽石是一种坚守，亦指一份内在活力。因此，设计以青年奥林匹克为背景，以"顽石"为设计源头，选取南京雨花石、紫水晶原石作为基本元素，结合泰森多边形算法和格式塔心理学进行形态演化，生成随机、自由的多面组合体，产生及复杂混沌又规则秩序的形式语言，方案运用参数化设计方法在软件中统一编号，生成831块多面体，以PVC面板作为表皮材料，运用钢架结构。建筑体量为7.5m×7.5m×5m的立方体，以求对50～100平方米的占地面积的最大化利用（图7）。

方案八 "飞翔"（设计：武雪缘、张舒璐、乔岳）

方案以展翅飞翔的形态来体现奥运精神，表现对超越与自由的向往以及青年活力奔放的独特魅力，飞翔代表一种前进，一种成长，展翅飞翔正如青年成长的过程。

方案内部为木质切片结构，切片之间以穿筋和卡槽结合。骨架外覆轻质透气膜材质，以保证建筑内部的通透性和整体形态的完整性（图8）。

方案九 "堆砌青春"（设计：徐莉莉、王玉霞）

该方案设计灵感来源于丹麦"乐高LEGO积木"。"乐高"是全球最受欢迎的玩具，不仅仅是青少年儿童的最爱，甚至被称为成人的终极玩物。这种积木一头有凸粒，另一头有可嵌入凸粒的孔，形状有1300多种，每一种形状都有12种不同的颜色，以红、黄、蓝、白、黑为主。它靠自己动脑动手，可以拼插出变化无穷的造型，令人爱不释手，被称为"魔术积木"。正是因为它的多变性和色彩的丰富性为临时性建筑形态的生成提供创意的源泉。

该建筑面积50平方米左右，功能兼具了休息、咨询、查询、信息发布等功能。设计为一层，造型简洁，色彩明快。

建筑外立面的图案集合了南京的一些元素，例如：雨花石、秦淮河、梅花、南京日出等的抽象图案以及南京青奥的12种颜色而成。在外立面部分使用乐高半透明积木，部分直接镂空，形成孔洞效应与特殊的光影效果。入口处的设计是两个运动状态的人的简形，体现了运动感，极其具有动感和爆发力。内部休息座椅，接待台和展柜等设施都是由墙面延伸出来，展现出较强的整体性（图9）。

方案十 "金陵梅影"（设计：孙艺、段莲、杨盼盼）

该方案以参与、互动、享受氛围中快乐的成长为设计目标，以金陵梅影作为设计主题的演绎，希望创造一个适宜于环境的以及具有时尚性的建筑形态。

该建筑面积大约为100平方米，功能满足展览、参观、休息等需求。建筑形态运用了花瓣形为顶面，利用结构空隙促进空气循环。侧立面采用了四边形网状钢架，最外层覆膜，由透明与不透明的膜结构组合而成。建筑内部空间的色调为白色，而空间中的结构立柱作为展厅的主轴，建筑形态在主轴的建构与表皮的包裹下显得简洁美观（图10）。

四、结语

南京艺术学院设计学院受国际奥委会以及青奥组委会的委托，展开"青奥临时性展亭"的实验性教学与实践研究。整个教学历时数月，呈阶段性的教学流程。在课题组全体师生努力下，完成了具有一定创意的"青奥临时性展亭"概念设计，并得到国际奥委会以及青奥组委会的认可。

参与此项课题研究的教师与学生共同研究临时性建筑的设计理论，并展开了对"青奥临时性展亭"形态的多种适宜性的设计研究，以及对建筑形态生成过程中的一些本质问题进行表达和探索。通过近10个方案的设计与研究，我们体会到：青奥临时性建筑的实验性研究是针对青奥村特定场所中的一种具有鲜明特点的建筑类型研究，而我们以实验性的名义追求的是一种界限模糊、体量轻盈以及漂浮和朦胧精神体现的实验性建筑设计；该系列设计表现了具有青奥精神的一种均质建筑空间，体现出短暂、临时所承载的美学演绎。虽然此次的设计只是一种实验性与概念性的探讨，但其研究方法以及设计思维的过程，也为临时性、实验性建筑形态的研究带来了一定的启示。

韩巍　南京艺术学院设计学院教授

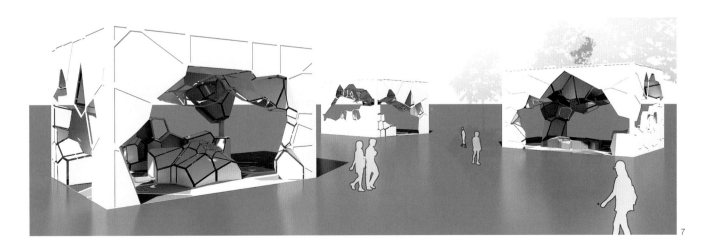

7

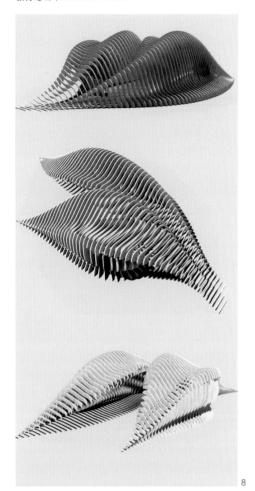

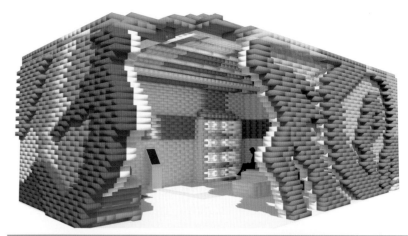

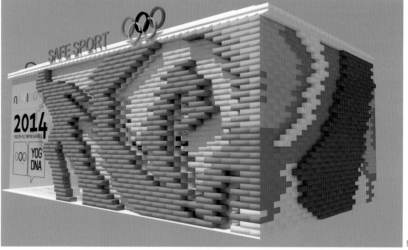

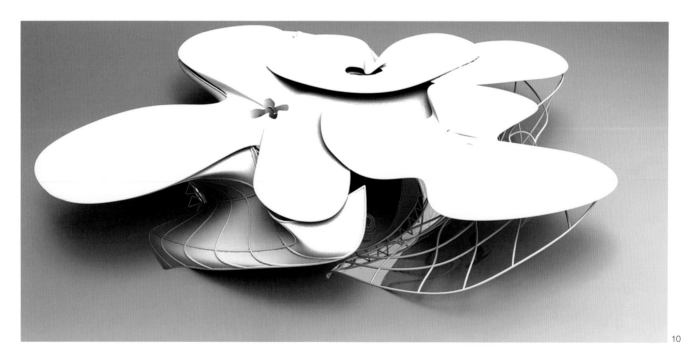

图 8 "飞翔"建筑形态
图 9 "堆砌青春"的建筑形态
图 10 "金陵梅影"建筑形态

Urban Development and Sculpture Design Teaching
城市发展与雕塑设计教学

文 / 刘秀兰

【摘要】

城市发展、建筑规划和当代雕塑设计，所创造的一切都是为人的生活空间、居住环境提供了一个良好的生存环境。在提升和保证人的生存质量的背景下，关注人的人文内涵与审美倾向是值得今天的设计师思考的内容之一。因此，城市发展、优雅环境和雕塑设计的塑造不仅仅要考虑物质空间的合理性，更重要的是让城市建筑和雕塑设计一定要符合人们的审美需求。

【关键词】

城市、建筑、创新、雕塑设计、教学

一、城市与雕塑设计教学

相比而言，城市与建筑来说是一个较大的空间概念，城市由众多的建筑、场所和人的活动空间等组成的综合体。在城市发展与设计之中，首先要以满足人的需求为标准，设计师主要塑造的是城市空间的独特性和标志性。这样的要求使得在城市规划与雕塑设计的同时，设计师是将城市作为一个整体来考虑，不仅要考虑其内部的关系，还要考虑与周边环境的相呼应。这样看来，城市设计其实是较大尺度上的雕塑创作，二者都是运用一些手法来对空间进行限定，突出场所的意象，表达不同的空间特质。在城市雕塑设计教学中，对学生空间塑造能力的培养是至关重要的，设计师并非匠人，而是艺术家，把握与提升城市设计不是简单的空间限定，需要设计师有着很强的责任心和空间掌控能力，这样的设计水准恰恰是可以通过雕塑设计来进行锻炼的。因此，在城市设计的教学中，可以结合雕塑的教学来强化与训练学生对空间的把握能力，也可以使学生具有更高的艺术修养。一座城市要让人们留下深刻的影响，首先要有城市特征，在给人整体影响之后，城市细节也要给人美的享受，就如同雕塑一样，整体优美，细节也处处传达给人美的享受。

近几年来，城市雕塑渐渐成为城市设计的一个组成部分，好的城市雕塑可以折射出城市的历史文化和城市的整体水准，甚至成为城市形象的标志性的代表，成为城市的文化象征。尤其在当代，诸多城市雕塑都是有艺术家在城市建设完成以后设计的，但是，许多艺术家不是城市设计师，很难能够全面地了解城市在规划设计之初的定位和发展方向，之所以许多城市雕塑显得与城市格格不入，或者是不能代表这个的城市形象，都有

一定的原因的。为此，在城市规划设计教学的过程中，如果能有序地引入雕塑设计教学，我认为这些雕塑设计成就对未来的规划师有一定的帮助，尤其在未来的城市发展和雕塑设计相结合，二者融合必然给城市环境带来生动的人文气息。

二、建筑与雕塑设计教学

造型艺术可分为四类，即绘画、工艺、雕塑和建筑。建筑与雕塑在某种意义上来说是相通的，在雕塑创作时往往强调建筑感，建筑设计中也会提到建筑的雕塑感。建筑应从审美为先渐渐发展到在实用，整体上更加注重外形的流畅设计，既建筑的雕塑感。在人类的建筑史中，都是伴随着雕塑艺术的发展，从 5000 年前的埃及金字塔、狮身人面像，到古希腊建筑、文艺复兴时期建筑，一直到现代的参数化设计的建筑，世界建筑发展的脉络都可以在雕塑的发展史中找到对应。当代建筑，人们耳熟能详的悉尼歌剧院、东方明珠塔、鸟巢、水立方等建筑，都体现了建筑的雕塑化。建筑的雕塑化使人们审美水平提高所带来的要求，现代建筑已经不仅仅满足于实用性，更注重其标志性、文化性。

从另一个方面来看，建筑中的雕塑元素也是建筑的补充，雕塑和建筑的目标是通过公共空间融合成一个和谐的整体，即创造出具有良好的空间组合形式和人文环境。空间是建筑的实质，也是雕塑的实质，与建筑一起融入公共空间的雕塑同样具有自己内在的特性，它是完全独立的，同时还影响着建筑。雕塑应该作为一件艺术品来展现，并引导和揭示建筑的内涵，而不是与建筑的构架混在一起。虽然它的位置、规模、形式、色彩和修饰都会受建筑物的控制，但创造出来的雕塑要能揭示两者之间的和谐和统一。

图 1 康斯坦丁·布郎库西《吻之门》石雕，1937 年
图 2 巴勃拉·赫普沃思《三斜面》青铜，1968 年
图 3 伯纳尔·维尼特《模糊的线》金属喷漆，1967 年
图 4 亚历山大·考尔德《风帆》金属着色，1972 年
图 5 马克斯比尔《无尽的面》
图 6 学生作业

图 7 学生作业，马曼哈山《托起》
图 8 学生作业，孙沐杨《空间构想》
图 9 留学生作业，莎拉《树》
图 10 诸子系列之 3，尺寸：38-40-82，2012 年，材料：紫砂，刘秀兰
图 11 唐韵系列 4，尺寸：23-32-72，2013 年，材料：紫砂，刘秀兰
图 12 草原姑娘，尺寸：22-25-58，2012 年，材料：紫砂，刘秀兰

因此，在建筑教学时，需要培养学生的雕塑创作能力，使学生能够适应建筑设计的发展方向。雕塑与建筑虽然有很多共同点，但是作为不同的艺术形式两者还是有明显差异，不能简单地将雕塑的手法直接运用到建筑设计中去，这样必然会导致建筑设计变成建筑表皮设计。在建筑设计教学中，应当以雕塑创作为培养学生空间理解能力和空间创造能力的一种方法，最终让更多的学生能够将雕塑的语言融入建筑中，从自然界中吸取灵感，创造出更加生动、艺术的建筑空间和标志性的建筑物。

三、创新与雕塑设计教学

高校雕塑设计教育不仅仅局限于培养那么几个少数精英狭隘的思想方针上面，而应

该把思路拓宽，把视野尽可能地放在关注社会各层次的受众面上来。这样，高校教育就不只是怎样制定自身的课程内容、传授技能那么简单的内容，而应担负起为社会培养更多的具有一定雕塑艺术素质的综合型人才。只有这样，雕塑与社会才会协调发展，公共文化才能为大众认同。

1. 雕塑形式的创新（材料的创新）

学生利用雕塑的多种材料和多样的表现形式，探讨雕塑艺术视角和独特的空间感受，追求物体的内涵展现和精神的表现。雕塑所使用的材料是非常广泛的，如铜、不锈钢、石材、木材、塑料、玻璃钢、石膏等，运用不同手法可以创造多样的空间结构。雕塑与建筑一样，都是用点、线、面体块创造出所

设想的空间，使材料与空间很好的结合，达到整体协调，并且与环境融合。雕塑材料的创新包括多个方面，一是材料本身的创新，二是使用手法的创新，两种创新方法都是为了使材料与视觉感受、空间感受很好的结合，引起观者的思考，对雕塑和建筑的开拓创新都是非常重要的。

2. 教学方法的创新（与建筑设计相结合）

在以往的建筑教学中，是以美术作为基础课程之一的，在当前建筑教学日益多元、创新的前提下，将各式各样的创新课程，作为建筑美术课程教学改革的切入点，有利于更深层次地挖掘当代美术基础教学的规律，拓展教学的思路，例如陶艺、雕塑、木刻、剪纸、砖雕等。其中，雕塑作为一种综合性

7

8

9

10

11

12

的艺术形式引入建筑美术教学中是值得提倡的，国外有许多这方面的教学经验是值得我们学习的。

在教学过程中，我注重培养学生创新地将建筑专业的特点与雕塑空间表现相结合，一方面帮助学生完成对空间的体验以及空间的创造和设计，另一方面是学生养成对空间整体考虑，对细节反复推敲的习惯，使学生能够更好地把握空间，从传统的方式中开拓创新，有利于学生在专业上得到更好的学习和发展。

3. 激发学生兴趣（真实城市雕塑项目的参与）

在当前我的教学中，对多样的造型语言、各种材质、手法、色彩等艺术元素的探讨尝试。教学中将雕塑造型语言与建筑语言相互转换的基本要求为依据，注重学生的感受，激发学生的想象力、创造力和表现力，要求学生在不同的空间环境下，找到将雕塑或者建筑与空间氛围相结合的结合点。培养建筑学学生对雕塑造型与建筑设计之间的创新结合和时间，有利于提高学生的艺术修养，创造出更优秀的建筑作品。

4. 建筑与雕塑教育的结合，培养学生动手能力、空间把握能力等

建筑与雕塑教育的推广普及，是尊重和调动学生天性的有效途径，让学生充分的发挥创造力，发挥想象力，调动积极性。观察力及感受力的培养和训练，不仅仅要用眼睛看，还要调动其他感官去体验和感受，甚至让内心有所感悟，排除原有观念的束缚，保持宏观的把握。

艺术的教学方法形式多样、精彩纷呈，没有一成不变的审美法则，不同的教师有不同的教学手段和方法，让学生学到丰富的知识需要良好的环境和气氛，只有创造好的环境，才能够让学生发挥其创造力和想象力，这样教学内容和形式值得各大院校提倡和推广。

刘秀兰　同济大学建筑与城市规划学院教授

Explaining Design and Aesthetic Experience Based on "Visual Thinking"
— Teaching Practice and Investigation Course Design by "General Huo Qubing Tomb Stone"

基于"视觉思维"的解说设计与审美体验
——以"霍去病将军墓石刻"为例的实习考察课解说设计

文 / 薛星慧　　孙林霞

【摘要】

精神有其自身的生命，不同时代、地域、文化的精神与文明，必然显现和创造出完全不同的物质世界。建筑遗存、艺术遗存以及博物馆陈列中的作品都是独特精神生命的视觉呈现，是它们在视觉上的形状。建筑学美术教育要求学生获得对当代、古代以及遥远文化的理解与深刻感受，但却发现最基础的障碍是：学生们的生命体验与那些创造出这些艺术品的人们的生命体验太不相同。如何让学生深入视觉的深处去获得审美体验？尝试引入"视觉思维"理念，通过解说设计引导学生，帮助他们建立一种全新的观看—体验模式。本文以世界著名的石刻艺术杰作"霍去病将军墓石刻"的两种解说方式对学生的教育影响为例，历时四年对共计136位建筑设计专业学生在该堂课上的实际体验进行调查，深入探讨"视觉思维"如何在解说设计中帮助学生基于眼前所见所感、深入艺术品的精神内容与创作者的生命体验。

【关键词】

解说设计、视觉思维、视觉形状、观看—体验模式、文化精神

一、解说设计——视觉的缺席

作为在建筑学院工作的美术老师，实习考察课上永远避免不了回答学生们类似的问题："为什么讲解员告诉我们这个雕刻是所有上千个雕刻中最精彩的"？或者"为什么讲解员说这件展品才是真正的精品"？不仅是我的学生，相信所有对文化艺术感兴趣的参观者都会面临同样的疑问。这疑问显示了以下两个问题：第一，解说设计对听众的引导并没有真正带领他们面对和深入眼前的建筑、艺术品，第二，如何仅仅通过深入地看这些历史遗存、艺术遗存来了解一种风格的精神追求，与一个时代的精神呈现。从某种意义上来讲，解说设计上的视觉缺席导致了文化艺术类景点游览体验的低水平。讲解员的解说内容远远没有真实地深入它所讲解的视觉对象；更没能将游客体验带向风格、文化和精神——这其实是人们去文化艺术类景点最想得到的东西。

作为建筑学专业的美术老师，在实习参观课上该如何设计解说才能帮助学生经由所见、亲眼"看到"文化的形状、亲身"体验到"文化的内在精神呢？

二、解说设计——已有的和期待发生的

1. 一个相对较大的视野：国内外的解说现状

（1）成熟和系统化的"专家学者型解说员"与庞大相关服务体系整合工作的、重视交叉学科研究的国外解说方式研究现状

国外解说方式研究总体比较成熟，已经形成了较为完善的体系，并设有专门的解说学科、解说职业、解说协会，拥有大批的解说研究专家和大量的解说书籍、期刊、网站。吴必虎[①]、李瑛[②]、戴昕[③]教授等人的综述性研究显示出，国外的解说主要运用社会学、游憩心理学、行为学、教育学等多学科交叉的研究方法，进行大量问卷调查与统计，研究案例包括旅游目的地解说、国家公园、历史遗产地、游憩地、地质公园、博物馆、艺术馆等。在解说目标研究方面，研究内容涉及帮助听众对造访地形成关注、鉴赏和了解景区；实现保护游憩资源；促使公众理解管理机构的目标和方针等[④]。在解说功能研究方面，研究内容涉及增加游客经历和体验功能。管理功能：作为间接的景区管理工具，对游客进行引导和主动而隐性的管理。经济功能：旅游解如何带动经济效益[⑤]。在解说受众研究方面，研究内容涉及根据不同依据，将解说受众进行分类。例如，Stewart[⑥]将游客划分为四种类型：信息搜寻者（seekers）、信息受阻者（stumblers）、信息从属者（shadowers）、信息避让者（shunners）。在解说方式研究方面，研究内容涉及解说媒体以及解说技巧的选择。恰当的解说方式是实现解说目的、实施解说效果的关键。对此领域作出突出贡献的学者包括 Cherem[⑦]，G. J. Nichols, D. R. Hanna, J. W. Pierssene, A 等人。在解说效果评估研究方面，研究内容涉及展品的陈列、观众注意力研究与观众的互动、

观众的学习效果、展品与观众的关系等内容。引用的理论主要集中在环境教育学、环境心理学、社会行为学、管理学等领域，作为人文地理学和环境心理学。研究热点的场所感理论和社会认证理论更是成为解说研究的新视角。

（2）尚处于起步阶段、以背讲解词为主的解说方式，解说广度和深度上都有待进一步探索、尚未形成产业与服务结构、交叉学科研究几乎没开始的国内解说研究现状

我国对解说系统的研究尚处于起步阶段，关于解说系统的论文、著作在 20 世纪 90 年代之前鲜见于各期刊报纸。2004 年以来，旅游解说系统的研究开始受到学者的重视。通过中国知网与万方数据库搜索，2004 ～ 2014 年共发表相关文章 12226 篇。从 2004 年发表 704 篇到 2013 年发表 1592 篇，总体呈上升趋势。但是博物馆与艺术文化类景点的解说研究从 2004 ～ 2014 年共发表文章只有 1450 篇。我国博物馆解说研究内容多局限在解说系统的规划与设计上，其广度和深度都有待进一步研究探索。国内解说研究工作的主要内容包括：国内学者对其他国家和地区解说研究的总结工作；旅游解说系统规划设计的个案研究；以及对解说系统要素，包括解说牌、语言问题的研究。

（3）国内外研究现状的总结

通过一些简单的资料梳理我们就不难看出，目前国内对解说模式的研究和应用尚处在起步阶段。只有少数大型博物馆如"中国国家博物馆"、"首都博物馆"等，以及重要建筑如故宫、天坛、苏州园林等的解说设计可以看到对艺术品本身的真正深入。而在

国外特别是欧洲，由于其"专家学者型解说员"的庞大数目，相关服务体系如解说协会，解说书籍、期刊、网站已趋成熟完善的配合；基于艺术品本身而非典故传说的解说内容已经成为解说设计中极为重要的组成部分，并被广泛应用于人文景观与博物馆陈列的解说。

2. 一个相对较小的视野：实例分析——以霍去病将军墓石刻讲解内容为例

陕西茂陵霍去病将军墓石刻，在中国艺术史上具有举足轻重的地位。它不仅是汉代艺术水平与文人精神在雕刻上的最高成就，甚至也被艺术史认为是中国文化在没受到佛教文化影像以前，其雕刻艺术的最杰出样本。首先，将现行的茂陵博物馆霍去病将军墓石刻讲解词内容总结如下（霍去病将军墓是茂陵的一个组成部分）：

①介绍茂陵博物馆现状、汉武帝及霍去病生平、文物出土与保护情况。②介绍霍去病将军墓的过去、现在以及墓周围石刻艺术。③介绍石刻的艺术特色：将圆雕、浮雕、线刻等技法加以融会贯通。利用石块的天然形状依势雕刻。追求与自然相契合的妙韵，使石雕和原有的自然环境结合成气象壮阔、意境深邃的艺术境界，等等。④相关的历史传说、人物故事等。⑤"为塚像祁连山"下山处小寺庙的传说与随喜香火。⑥到此讲解完毕。

分析：下面两个图表分别显示了，①图1：在讲解员带领游客的 40 分钟时间里，解说内容中的信息在历史文化知识、文物知识、艺术鉴赏知识、视觉体验、环境场感受、解说与景区经济效益等方面，随时间推移内容

权重方面的变化，解说对游客体验所做的引导。②图2：解说内容中的信息在上述 6 个方面总体的权重，此图可以体现出解说为游客提供的总体帮助。

3. 参观者期待什么发生？

从上面的两个图表中不难看出，即使面对如此重要的艺术品杰作；现行的解说内容也只是将历史、考古、传说与艺术评论拼合在一起，以提供知识性信息为解说的主导思路。在引导游客对石刻这一视觉现象本身的关注、感受、体验与思考方面，现行解说都有大量工作要做。因为游客亲临现场的"当下"，才是他们了解石刻最重要的学习机会。

相信上文的阐述已经让一个问题变得越来越明显：通过深入地"看"艺术品、"看"建筑作品，去触摸当下，触摸文化内在的精神；是每一个希望从文化艺术类景点中汲取营养的人对解说设计的期待，无论他的专业能否支持他明确的提出这个期望。

如何才能达成这个期望？

三、实习教学中的解说设计——一次基于"视觉思维"的新尝试

1. 简单的理论阐释

20 世纪 70 年代以来，美国艺术心理学家阿恩海姆[8]在其著作《艺术与视知觉》[9]和《视觉思维》[10]中，继承和发展了认知心理学家韦特海默[11]关于知觉和创造性思维的

---

① 吴必虎. 《国内外环境解说研究综述》2003(5)，《地理科学进展》
② 李英. 《我国博物馆旅游产品的开发现状及发展对策分析》2004(8)，《人文地理》
③ 戴昕，陆林，杨兴柱，王娟. 《国外博物馆旅游研究进展及启示》2007(3)，旅游学刊
④ Olson E C. "Non—formal environmental education in natural resources management" The Ohio State University, 1983.
⑤ Ham,S.H. "Meaning making—Theoretical and philosophical foundations of interpretation." Environmental Interpretation and Eco—tourism. 2002.
⑥ Stewart, E.J.etc. The place of interpretation: a new approach to the evaluation of interpretation. [J]Tourism Management. 1998,19(3).
⑦ Cherem, G. J. The professional interpreter: agent for an awakening giant[J]. Journal of Interpretation. 1977, 2 (1).
⑧ 鲁道夫·阿恩海姆：德裔美籍心理学家、美学家，格式塔心理学美学的代表人物，曾任美国美学协会
⑨ 阿恩海姆，滕守尧、朱疆源译，1998，《艺术与视知觉》，四川人民出版社。
⑩ 阿恩海姆，滕守尧译，1998，《视觉思维》，四川人民出版社。
⑪ 韦特海默：德国心理学家、格式塔心理学的创始人和主要代表。

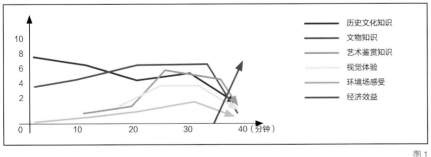

图1

图2

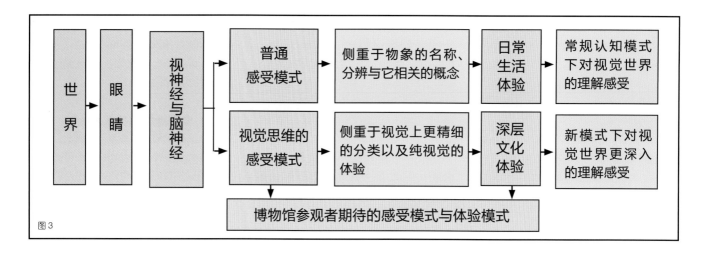

图3

研究，而且从更高的角度探究了视知觉的理性功能。为"视觉思维"的发展奠定了基础。"视觉思维"意味着关注视觉本身，并基于视觉进行一种独特的、直觉性的、体验性的思考。基于"视觉思维"意味着更多引导学生去关注、分析、体会视觉对象（作为陈列品的文物或艺术品，作为景点的建筑物、园林或者其他人文景观）的

讲解内容。这种关注将帮助学生对所见建立更深层次的体验。

2. 基于"视觉思维"的霍去病将军墓石刻解说方式

2009 ~ 2012 年，西安建筑科技大学建筑美术课共四次组织学生赴霍去病将军墓参观，其中 2009 年、2010 年我们请博物馆讲

解员代为讲解石刻艺术；因发现解说设计中存在的问题，2011 年、2012 年我们设计了全新的解说设计方案；致力于通过艺术品本身来引导学生深入它所呈现的文化精神的内涵。两年中共计 67 名学生参与了使用新解说方案的课程。以下是具体的在教学中使用的解说设计。

三维形体形式分析专案研究——霍去病将军墓石刻

（1）来自各种文字资料的霍去病将军墓石刻情况概要：

①相关历史知识与史料记载，例如：《史记·卫将军骠骑列传》记载"元狩六年（公元 117 年）霍去病薨。上悼之，军臣自长安至茂陵……为冢像祁连山。"等等。

②相关考古发现，例如：根据调查和 20 世纪初法国考古学家拍摄的照片，霍去病墓石刻都散乱地放置在墓冢上，冢上没有这么多树，石刻中马踏匈奴放置在最前端。

③相关美学鉴赏，例如：霍去病墓石刻将圆雕、浮雕、线刻等技法加以融会贯通。借助"天然"，因材施"雕"，利用石块的天然形状依势雕刻成某些相关的事物。石块千姿百态的天然形态诱发创造者的偶发构思，借助自然造化之功，创造出具有某种神韵的作品。同时追求与自然相契合的妙韵，使石雕、坟冢和原有的自然环境结合成有机的综合体，形成了一个气象壮阔、意境深邃的艺术境界。

（2）认真欣赏霍去病将军墓石刻，在过程中讲解和讨论下列问题：

1）形体问题：

①总体而言，霍去病将军墓石刻的形体有没有什么特点？如跟希腊同时期的"胜利女神"和"维纳斯"相比？

②您能看见每个石刻所成的形体，思考这一整体性的"形体"由哪些要素构成？

什么引导着形体的运动动态？

什么引导着形体各部分的关系？

什么引导着形体轮廓的多重性和序列关系？

什么引导着形体的体量感？

2) 空间问题：

①列举您最感兴趣的一个石刻，说说这个形体潜在的内内在动力如何引起整个石刻体块的深层颤动，请加以描述并说明原因。②再思考一下，这个石刻内部的运动与内驱力，在形体与空间的边界处形成了怎样的、对于空间的张力结构和压迫作用？请加以描述并说明原因。

3) 环境场问题：

①对比巴洛克建筑中具有明确结构和节奏感的空间状态，石刻周围的空间状态有没有什么不同？试描述并说明原因。

②想象这样的石刻散落在"为冢像祁连山"的墓冢上，将会给整个空间状态带来什么样的改变？给整个环境氛围以什么样的面貌？

作业：

选择您最感兴趣的一个石刻，全面回答讲义第一部分第二单元中的所有思考题。

说明：作业单独完成，A4 纸正反面打印，并以下图的方式标明课程、指导老师、班级、姓名和学号。

课程名称：视觉思维·三维形体形式分析专题研究		
指导教师：		
班　级	姓　名	学　号

分析：下面两个图表分别显示了，①图4：在本文作者带领学生的 80 分钟时间里，解说内容中的信息在历史文化知识、文物知识、艺术鉴赏知识、视觉体验、环境场感受、解说与景区经济效益等方面，为学生提供的帮助。②图5：解说内容中的信息在历史文化知识、文物知识、艺术鉴赏知识、视觉体验、环境场感受、解说与景区经济效益等方面总体的权重，此图可以体现出解说为学生提供的总体帮助。

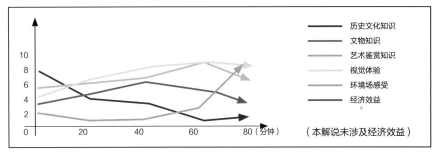

图4

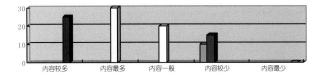

图5

3. 两种解说方式的比较

从以上两种对霍去病将军墓石刻的解说版本（整理自茂陵博物馆讲解员的版本与笔者的版本）中不难看出，前者的解说设计基于对各种知识与信息的传递；而后者则基于学生的眼睛正在看的这些视觉对象本身。并在深入观看之后对其进行文化间、风格间的比较。从而帮助学生更进一步体验到这些石刻的视觉力量与它深处的精神。

这种基于"视觉思维"的解说设计尝试，全方位地考虑到了如何帮助学生获得真实的生命体验。因为只有体验才能让观者亲历文化的博大精深；只有体验才能跨越文化间的障碍，让不同文化、不同知识结构的人们通过解说的导引，得到一把从建筑遗存、艺术遗存进入文化生命的钥匙。

4. 学生的课堂感受与课后体会

2009 年、2010 年，我们没有为学生专门设计基于视觉思维的讲解课程，学生在听讲解员解说的过程中，注意力并不集中，感受也难以找到深入的方向。对汉代石刻艺术的理解更多停留在汉代艺术的天人合一、妙趣神会等相对空洞和泛泛的理解层面；且被过多汉代历史、霍去病其人及其功绩等解说扰乱了对艺术品的真实感受。调查显示课后几乎没有学生对霍去病将军墓石刻及汉代艺术精神进行追踪学习，1～2 年后，对此次参观考察留有深刻印象的同学不足总人数的 5%。

2011 年、2012 年，基于"视觉思维"的研究方法设计了霍去病将军墓讲解内容，

学生借助解说内容与思考问题，在对艺术品深入细致的观察基础上展开思考并真正获得了生动的体验。对汉代艺术的理解远远超过了空泛的理论表达，对视觉形状的深入感受支持他们有机会真实触摸汉代艺术的精神生命。调查显示课后有超过 45% 的同学对汉代艺术进行了一定的追踪学习，1～2 年后，超过 80% 的同学对此次参观留有深刻的印象。

四、结论——走向视觉深处的解说设计

精神有其自身的生命，不同的精神与文明，必然显现和创造出完全不同的物质世界。

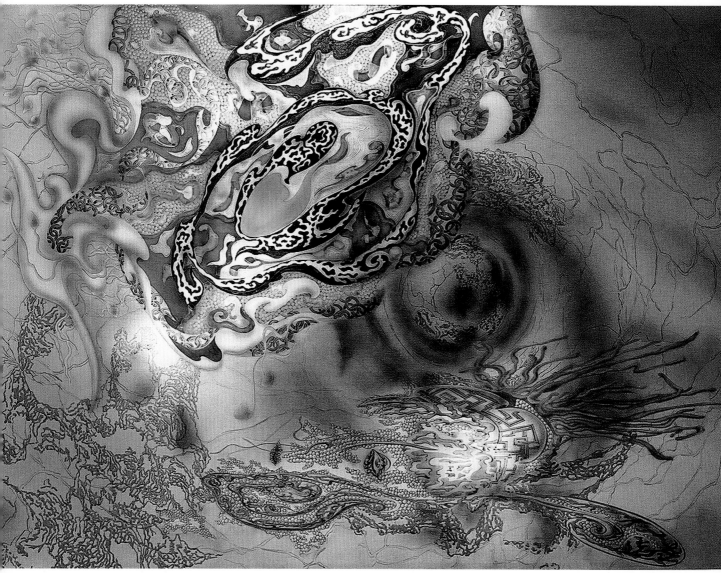

图 6 荒·遁兮（美术作品）——薛星慧，西安建筑科技大学

建筑遗存与艺术遗存都是特定的精神生命在视觉上的呈现，是它们的视觉形状。不同文化间、同一文化的现代与古代之间常常难以建立真正的理解和沟通；正是精神生命之间的差异造成的必然结果。人们因为希望获得对当代、古代，以及遥远地狱的文化的理解来到文化艺术类景点；但却发现最基础的障碍是：我们的生命体验与那些创造出这些艺术品的人们的生命体验太不相同。

因此，博物馆与文化艺术类景点的解说设计，应该致力于帮助观者基于眼前所见所感、深入他们的生命体验。否则的话，人们

就不必亲自来到博物馆，上网和看相关的书籍也能让他们获得同样的知识和信息。解说设计如果尝试着引入"视觉思维"理念（这一理念在视觉心理学与审美直觉心理学范畴自20世纪70年代来已逐渐成为国际上的热点），将它合理地应用于解说设计；讲解员或专业老师就可以通过解说内容引导观者，帮助他们建立一种全新的观看一体验模式。这种模式旨在给观者创造一个循序渐进的思考过程和一个渐渐深入精神的内在生命并获得体验的机会。

在这种思路之下，学生们、扩大而言是

游客们经由解说可以亲眼"看到"文化的形状、亲身"体验到"文化的内在精神。同时，基于"视觉思维"的解说设计也将帮助文化艺术类景点更好地向游客展示自己的藏品，更深入地传播自己的文化，并有效地消除因为体验缺失所导致的、文化间在互相理解时容易导致的偏差。

薛星慧 西安建筑科技大学讲师

孙林霞 西安建筑科技大学讲师

Aesthetic Image of Building Materials
—Thinking on Experimental Course of Decorative Materials

营造材料的人文审美意象
——装饰材料表现实验课程教学思考

文 / 宋　丹　邱晓葵

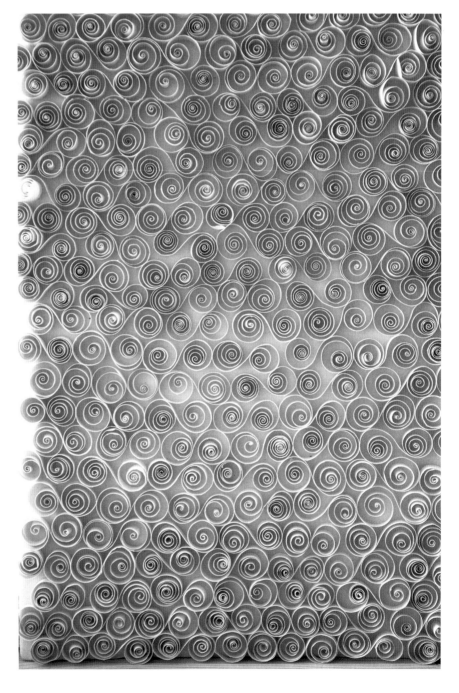

图 1 作品名称：《缓》
研究课题：生态化设计语义
设计元素：树叶
材　　料：复印纸

【摘要】

本文探讨了当前场域下，面对环境设计教育问题时，建筑装饰材料表现实验课程的人文学意义的美学研究的重要意义。文章以材料的肌理情态研究作为切入点，以材质文化语言的营造与思维导入相结合，着重培养学生的审美修养和自我表达来组构材料的文化识别性。

【关键词】

装饰材料、肌理情态、文化识别、数字化

引言

建筑装饰材料表现课作为环境设计专业的一门重要专业基础课程，一直是学生了解专业知识的难点，而装饰材料对于环境设计而言又是相当重要的。纵观中国美术史，可以清晰地看到陶瓷、漆器、传统的木式建筑等古代先贤们留给我们的宝贵财富；而在世界城市设计的发展历程中，我们看到建筑装饰材料的缓慢演变而使欧洲中世纪的城市面貌呈现出视觉上的连续性和文化的整体性。这些材料形态足以说明，材料作为人类文明的载体呈现了时代的变革和文化形态的融合。自杜尚的作品《泉》被安放在博物馆时起，材料观念已在多变的现代艺术样态中被解放出来，揭示出"材料"走上了独立自我展现的舞台，明示了材料作为设计师和艺术家最为直接表现思想观念的媒介和语言，具有了全新的呈现视野和独立的研究价值。

在几年来的实验教学中，我们逐渐认识到对于装饰材料自身的语言与美学研究是环境设计教育里不可或缺的文化思想平台与教育内容，逐步确立了以装饰材料的形态美学研究为切入点，开展人文实验探索的教育模式。

一、实验教学的研究目的

1.实验教学的文化价值培养

在全球化时代，大众消费观念侵蚀了本土固有的传统文化，使得各国的文化和艺术形态出现了均质化、破碎化和弥散的状况。而在人类进入信息时代后，人类面临的工作方式发生了质的变化，在以"人的素质提高"为核心的全新时期，时代赋予教育的观念、目的、方式和手段也应随之发生相应的转变，同时"个性化"的时代特征愈加凸显。面对这样的时代转变和如此悖论的境遇，我们深感构建文化教育的重要意义。文化教育在某种意义上讲是一种历史文化过程，是对传统文化的继承与延续，对民族文化的现代诠释，是指导学生在文化思想层面上去审视世界、把握客观和认识自我的途径。通过对材料肌理表现的研究，我们不是想教授学生如何表现一种材料也不只是培养学生一种动手能力，教学的实质是在人文审美修养培养的组织下，通过传统文化观念的导入，在探究材料肌理表象形式的同时，能对研究物象所隐含的文化意义有所了解和认识，如对宣纸、绢、麻、木材等本身带有丰富文化意义的材料的研究，使学生在发掘深层的文化内涵时赋予材料自身以全新的形态和意义。

2.实验教学的思维价值培养

美术教育的意义不仅仅停留在描摹现实上，而更加注重于对创作者自身创造潜能的挖掘。作为一门实验课程，本身始终应当注重培养学生在教学过程中对自我的发现和建构，而这也恰恰是培养学生去创作极具原创性的艺术作品和设计作品的根本。所以，在实验课程中我们借助于对材料的认知，对材料进行五味的感悟，使学生在构筑人文审美的情形下，培养自己敏锐的观察力、想象力及独到鉴别力，并逐渐养成一种良好的思维习惯。同时，实验课程本身也是对于传统教学模式的一种发展与延伸，这里我们不是要传达一种设计观念，也不是教授技术，而是通过对材质形态的比较和挖掘，培养学生"勤于思考"、"善于发现"、"勇于实验"的精神品质，并且帮助学生建立起自己的思维模式和科学合理的创作方法。在实验教学过程中我们将每个参与者置身于直观面对材料的体验中发现问题、解决问题，培养学生自我的认识力。

作为一名优秀的艺术家和设计师，其最重要的特征应具备"勤于思考"、"善于发

现"、"勇于实验"的精神品质和潜质；对于材料，引导学生敢于打破旧有认识的局限，发掘其更传统的内涵并赋予它以各自的文化意义。为此，在教学中我们强调"实验"精神，教学的重点在于"发现"，形成在"发现"中开创"自我"的人文艺术实验的教学理念，以此构建对人的素质的培养。

二、实验教学的研究内容

在对我国师范院校现有的材料课程进行调研后，发现很多的材料课偏重于从材料的理性数据研究入手，学生对材料性能的直观认识比较欠缺，这里我们对材料的研究不是从化学性质上予以改变，而是以材料的视觉艺术形态作为切入点，从思维层面和文化角度对材料的肌理形态进行实验性的探索。

材料的概念广泛，内涵随着人类文明的发展而不断扩展与延伸。在教学中对"材料"的界定从两个视角来理解，首先对于大众而言材料应是存在于我们周围的一切事物，"我们握在手中，看在眼里的一切东西，之所以能够成形，都要归功于材料的存在。我们已经习以为常的世界是由各种材料组成的。"其次，对于艺术家和设计师而言，材料本身拥有自身的意义，它既是一种媒介，也是一种语言，它既是有形的、可视可触摸的事物，也可以是无形的、可闻可嗅的事物，甚至于我们的思想和观念也可以被视为表达的材料。当材料是一种媒介的时候，我们关注的材料是一种表达自我精神和思想的工具和桥梁，涉及材料自身的自然属性和固有性状，并用以表达材料间彼此的差异性，如金属材料与木质材料在质感上的差异，固体材料，液体材料或者气体材料在体量感与运动状态上的差异性；而材料是一种语言的时候，我们关注的是材料的符号性的关系，包括材料本身的性格、情绪、气味、温度、表情等，使材料在具有符号学意义的符号象征时又蕴含着社会学意义。当明确了研究身份、材料对象与材料语境的差异后，我们确立了以材料视觉艺术形象研究为切入点，从材料渊薮、文化演变、地域发展、艺术应用、材料属性、肌理与质感、情态特征和创作方法等诸方面进行多角度的阐述，以此探究材料材质的人文表达的多样化。通过这种挖掘，能够对材料在视觉艺术形态上有一个全新的理解和呈现，从根本上改变以往传统的观念，使学生认识到使用材料的重要目的是表情达意，这样将把对材料表面的思考真正带入材料的思维观念层面。

三、实验教学的研究方法

对于一门实验课程来说，合理、有效的教学方法是实现教学目标的基础条件。在本课程中我们主要以课题研究和数字化的实验设计手段展开教学研究。

1.课题研究的导入

课题是引发点，在实验教学中尝试课题的导入，允许学生将其发展，生成各自相关的观念，有利于学生的自我创造。将材料作为独立的审美要素加以考察时，它是具有表情的。表情可以是情感、情绪的宣泄，也可以是情况、情形等客观状况，同时材料也通过自身表皮的肌理、形态和质感传达着多样化的表情和态度。材料的情态为感性表达在其场所的精神，于理性呈现材料的形式秩序。为此，我们在教学中以生态化设计语义、褶皱情态的设计语义、透明情态的设计语义和参数化设计语义、肌理情态设计语义五个课题和传统文化的导入，对材料的表情开展教学研究，传统文化可以是含义的表达，也可以是习俗、行为习惯的展现。通过课题的限定使学生能更加直观掌握研究的内容，对材料的形态、属性、色彩等表面语义了解的同时建构对材料情态的研究，感受材料赋予的情态语义和深层的人文意义。

2.数字化实验设计方式的建构

实验课程抛开了传统"专业"观念的束缚，确立了一种开放的、系统的、符合时代的教学方式。在教学中，我们采用了数字化实验设计方式，利用实验室先进的仪器设备，以数字化方式对概念和方案进行具有探索性和试验性创作的教学手段。在构思与设计实施阶段通过数字化运用进行系统、合理的创作，体现分析、比较、实验的教学目的，增加学生对材料创作的感知程度、体验材料的属性和特征，以对材料进行认知与发现。通过对材质的创作，利用数字化计算机的辅助设计和制作，从各种角度挖掘材料的新形式，表达材料材质的多样肌理和新的视觉效果。利用数字化实验设计的教学方法给学生带来更加多元的设计途径，学生从观念层面对教学的方式发生彻底的转变，开拓了学生的创作视野和工作方式。

通过课题的导入和数字化实验设计的教学方法帮助学生建立了自己的思维系统和价值判断，学生能够发现问题，并从中找到适合的解决方法，使学生创作选择更加多层面、

表现形式和表达方法更加的多样化，同时对于材料的选择也更加丰富，这有利于教学理念的深化，有助于学生创造性思维的培养。在教学中，学生逐渐建立观念价值、开放意识，同时使思维更加缜密。

四、结语

目前，新技术、新材料的涌现，极大地丰富了设计成果的形态，并影响到了创作思维与观念的转变。为此紧随时代发展趋势和新动态，在传统的教学环节当中，结合师范院校学生的特点，逐渐确立了以研究材料的材质表现作为教学案例，以此探讨人文艺术实验课程的教学理念。通过数字化的实验设计方式，探索全新的艺术设计新模式，以实现对传统教学模式的发展革新；同时以文化教育为研究方向，站在这样的平台上，参与者将置身于文化继承和传承中，在直观面对材料的认知过程中，真实的体验材料，感受材料的魅力，使学生从思想层面去审视世界、把握客观、认识自我，以此建构以人文艺术展开的实验教学；在验证、比较与发现的教学体验中培养学生的整体性、逻辑性、敏锐性、独特性和柔韧性的思维观念；在"唤醒"中开创"自我"的人文艺术实验教学理念。

宋丹　首都师范大学美术学院讲师
邱晓葵　中央美术学院建筑学院教授

图2　作品名称：《遮掩物》
　　　研究课题：褶皱情态的设计语义
　　　设计元素：金字塔
　　　材　　料：硫酸纸

图3　作品名称：《柔》
　　　研究课题：褶皱情态的设计语义
　　　设计元素：水母
　　　材　　料：绢

图4　作品名称：《痕迹》
　　　研究课题：生态化设计语义
　　　设计元素：墨
　　　材　　料：宿墨、生宣

参考文献

[1] 方晓风.材料的故事 [J].城市环境设计，2009(07):175.

[2] 常志刚、宋晔皓、冉茂宇.肌理之于建筑 [J].建筑学报，2003(10):46.

[3] 胡小惟、朱林、张佳.材料改变生活 [J].产品设计，2006(34):33.

[4] 邱小葵.建筑装饰材料——从物质到精神的蜕变 [M].北京：中国建筑工业出版社，2009(07):2.

[5] 史永高.材料呈现—19世纪和20世纪西方建筑中材料的建造—空间双重性研究 [M].南京：东南大学出版社，2008(03):172.

[6] 滕菲.材料新视觉 [M].长沙：湖南美术出版社，2000(12):15.

[7] 杨冬江.创意未来——装饰材料创作营 [J].装饰，2007(11):37.

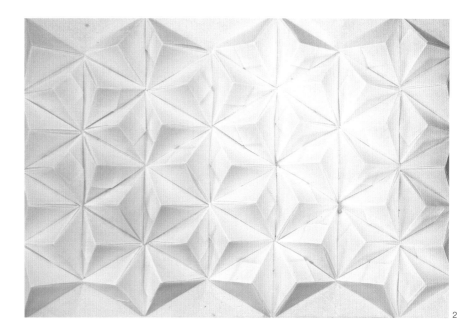

2

3

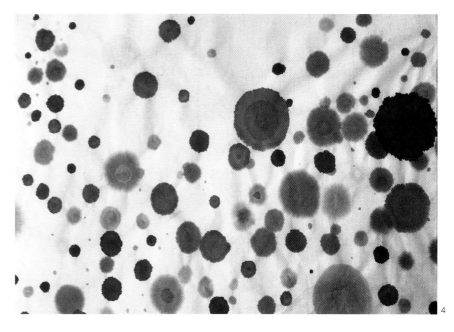

4

Generation of Art
— Discussion on the Method of Generating Design Based on Case

生成艺术
——基于实例的生成设计方法浅议

文 / 季云竹　李　飚

【摘要】
计算机生成艺术是一种趋向艺术实践的科学艺术创作方式，本文结合生成设计探索实例，以图像模拟为切入点生成从二维到三维的形体，并从建筑生成的角度研究生成艺术的一系列方法，探索计算生成艺术的设计潜能和发展空间。

【关键词】
生成艺术、算法、模式识别、句法系统

一、生成艺术简介

生成艺术的概念最早在 1965 年德国艺术家 Georg Nees 的一次计算机艺术成果展中被提出，用于描述从计算机程序计算所获得的艺术作品。此后，从 1968 年开始，Manfred Mohr 开始用这一概念来指代通过计算机程序设计与绘图的操作方式 [1]。生成设计的概念从此不断用于对计算机程序参与下的艺术创作的解释。

艺术家和科学家赋予计算机以自主性，设计一系列的规则让它们自由发挥，从而得到无法复制、超越想象的结果。发展至今，生成设计的"过程主导性"特征逐渐占据主要地位，它泛指运用计算机程序算法定义的系统进行生成、协调以及构建物体，或模拟数学的、机械的过程。生成设计和其他设计方法也表现出显著的区别，其工作方法通常根据某项事物的特征及其元素的组织规律构建相应的规则系统 [2]，伴随随机与"自治"的方法，其结果通常既符合约束条件的特征，又具有多样化的表达效果。同时，结果的生成也表现出极高的可控性与可调节性，设计者可以通过对程序算法的设计来控制结果的复杂性，并通过参数值设置来对设计结果进行不同影响因素维度下的调整与控制。生成艺术突破性地将数理科学的理性逻辑思维融入感性的艺术创作之中，成为当代辅助艺术家设计创作的一项有效方法并得到越来越广泛的运用。

生成设计方法的核心在于原型的选取以及系统方法的构建。"原型"也即设计的起点（本文实例中的原型分别是图像以及传统徽州民居），通过对原型的属性分析，客观规律的挖掘，进一步结合计算算法以程序的方式对其进行分解、转变、整合，并以系统的形式呈现整个生成机制。"系统"在此充当的角色类同于计算机科学中"黑盒"，设计通过"黑盒"来整合一系列的方法与规则。"黑盒"将程序的内部结构以及各项属性进行封装，实现"输入"、"计算"、"输出"三者的分离。"黑盒"内部各个程序模块间高内聚、低耦合，共同协作完成从"原型"到"输出"之间的转变。

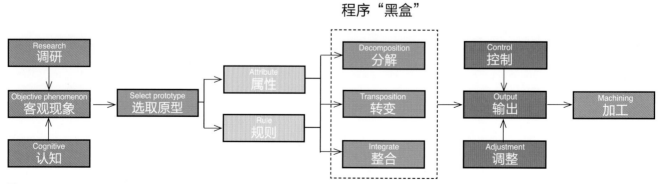

图 1

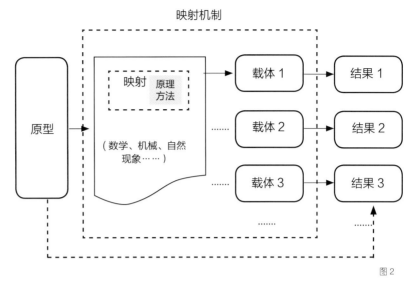

映射机制

图2

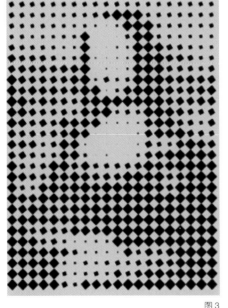

图3

图4

图5

二、单一规则系统下的生成方法：以基于图像分析的实验为例

1. 单一规则系统下的"映射机制"

生成设计在单一规则系统下可概括表现为一种"一对多"的映射机制，其中原理方法与载体的设计共同构成"映射机制"。从基础的"原型"和原理出发，设计师在制定规则以及选取"载体"的层面表现出很大的自主性，选择不同的"载体"导致产生不同的结果。生成结果可以是在原型的基础上发展而来，也可以是在单独的体系上演变得到。

2. 基于图像分析的实例

实例采用图像作为"原型"，通过对图像像素属性的分析及计算，制定一系列的规则，用抽象的算法对其进行转化并生形。实例的目标涵盖对图像本身的转义再表达，以及以图像作为底层依据生成全新形体的探索。在这些实例的基础上，进一步解释生成设计中"映射"的方法，并阐述其应用层面的发展前景。

实例1：

这个实例通过程序方法对图像的像素值进行获取，并将像素值转化为灰度值，然后进一步选取二维的矩形作为生形的"载体"，将灰度值通过计算方法映射为矩形单元的大小以及旋转角度。结果通过发生变化的阵列的矩形模拟呈现整体的图像效果。在不同精度的参数控制下可以产生如图3、图4、图5不同的效果。由图可见，细分的数量越多模拟效果越接近真实图像。

实例2：

此实例在实例1针对图像像素的二维模拟的基础上，进一步将二维的模拟方式拓展到三维的空间，"载体"也从平面的矩形转变为空间的立方体。程序在三维的层面上通过控制每个既定单元在空间的高度和凹凸来对应相应位置的图像像素值，产生了如图6

图 6

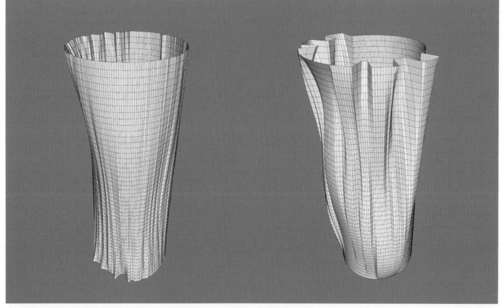

图 7

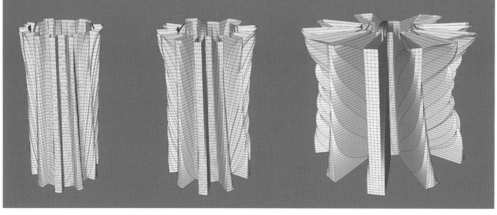

图 8

（左）的立体浮雕效果。在此基础上，进一步将两幅图像结合起来模拟，生成物在二维层面基于实例1的原理通过颜色模拟一幅图像，而在三维肌理层面通过凹凸模拟另一幅图像。由此，可以产生两个画面"共生"的效果，富有丰富的观赏性。

实例3：

这个实例期望通过图像本身的特征生成复杂多样且具有某种特征的形体。每个形体设定的初始化状态都是一个圆柱，将圆柱抽象为沿截面展开的若干围绕中心并列的线段，并在每根线段上定义一系列的控制点，线段根据特定图像对应位置的像素值产生相应控制点法向的波动，圆柱的形体就会随图像的像素值的变化而发生变化，由此圆柱发展成为一个复杂的、非线性的形体，如图7。"复杂"并非人们通常所指的复杂程度，而是指一个由多个简单单元所组成的结构，经过非线性交互作用，产生的综合行为。

同样，这种形体的生成也是可控的，如果将原始的参照条件设置为一些具有明显几何特征的图片，相应的生成形体也会在三维空间表现出强烈的几何特征，如图8中的一组结果所示。图中从左到右分别是对影响因素权重的不同设置下产生的结果。

不同于实例1和实例2的是，这里的生成结果是在作者定义的一套独立的结构上发展而来的，而不是对于基本原型的转变。每一个形体都有特定的图像与之对应，它们之间的关系很难通过简单的方法辨别确定，然而程序方法为其提供了底层的数据支持。

3."映射机制"方法思考

实例1、实例2、实例3都采取了同样的参照原型以及程序原理，只是在对原型中提取的因素进行客观映射时，选取了不同的方式，可以理解为选取的客观"载体"不同。这里的"载体"不单单指可以识别控制的实体，更泛指可以具化的方式方法。由此生成设计表现出了方法上很强的灵活性和过程的可调节性，使设计成果呈现丰富多样的特点。

同时，图2所解释的"映射"机制也为生成设计的应用与发展提出了一种可能性——即"过程"与"实现"的分离。生成设计中原型构建与程序架构是一部分，可以视做平台的搭建，这一部分需要有一定程序设计基础的设计师完成，而在对原理方法进行具体实现时，可以根据设计师的选择和客观的设计需求，基于平台所提供的程序接口进行另外的实现端程序编写，这一部分对程

序的设计与编写要求会相应降低。由此，生成设计可以面向更为广阔的设计师群体，真正成为介入设计的计算性辅助工具，并且被赋予展现或激发设计师潜能的职责。

从生成结果的层面反观，在实例1与实例2中通过对传统名画的特征以及属性的提取，借助相应"载体"，生成方法使绘画结合计算机艺术数据化的特点，以不同的方式呈现，赋予了传统艺术以全新的表现形式，焕发出新的生机。实例3实现了一种全新的基于平面的三维造型手段，为造型艺术方法提供了新的切入点。生成艺术在当代不仅可以创造全新的艺术形式，同时也是基于传统艺术形式进行创新和发展的强有力手段。对于生成结果的需求也从反面决定了生成原理与规则的制定，为设计提出了更高的要求。假如生成结果是我们所寻求的"答案"，那么它所基于的"问题"必须是明晰的。设计者应当规避设计中相对"无目的的"操作，这样的生成设计才可以被认为是有意义的。

三、复杂规则系统下的生成方法：以徽州民居的空间生成为例

1. 复杂规则系统下的"模式提取"方法概述

生成结果和客观参照之间关系的确立，并非总是基于单一的规则系统，更多数情况下表现为多种复杂因素共同作用影响的结果，它们之间的转化关系表现为一种间接的方式，由此综合多种因素的复杂系统需要被建立。

在应用层面，生成设计除了用于生成不可预估的形体外，另一方面也用于对客观现象的模拟与推演。基于模式提取的思

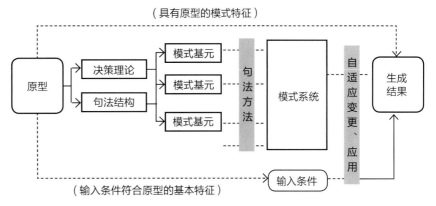

图9

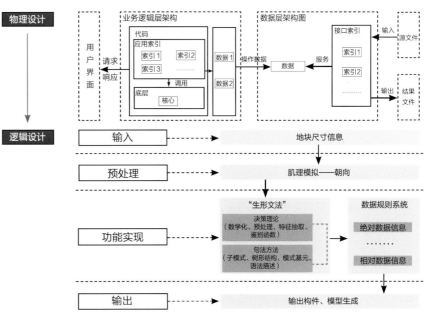

图10

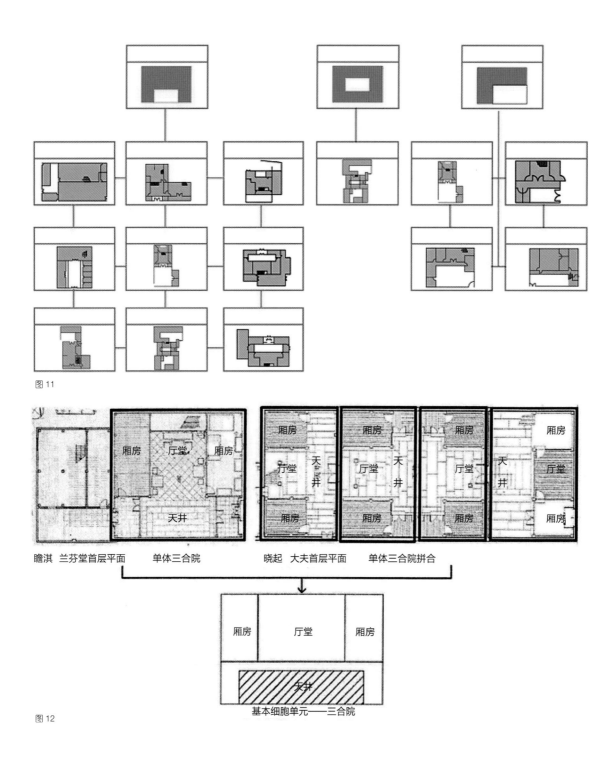

图 11

瞻淇 兰芬堂首层平面　　单体三合院　　　　晓起 大夫首层平面　　单体三合院拼合

厢房　厅堂　厢房

天井

基本细胞单元——三合院

图 12

想，通过对原型表征现象的描述、辨认、分类和解释，提取基元以及基元之间的组织模式，要求所选基元能对模式提供紧凑且易于用句法方法加以抽取的反映其结构关系的程序算法描述。再通过构建相应的句法方法来整合模式基元，使其形成一个关联的、具有较高应变和容错能力的模式系统。同时，将输入的条件转化成特殊的数据结构以适应构建的规则系统，基元之间根据定义的鉴别函数进行自适应调整，由特征矢量计算出相应于各种情况的鉴别函数值，以此求取最优。

2. 徽州民居空间生成系统架构

本课题主要研究基于模式提取的思想在任意给定的地块中生成传统徽州民居的设计方法。

程序主要采用 JAVA 语言，基于 Eclipse 平台和 processing 插件开发实现。程序系统在服务器端构建，客户端可以作为其他系统的接口，提供待处理的基地信息。

在物理设计层面，系统主要由输入端、业务逻辑端以及输出端三部分组成，其中业务逻辑端可以继续分化产生数据层。在逻辑

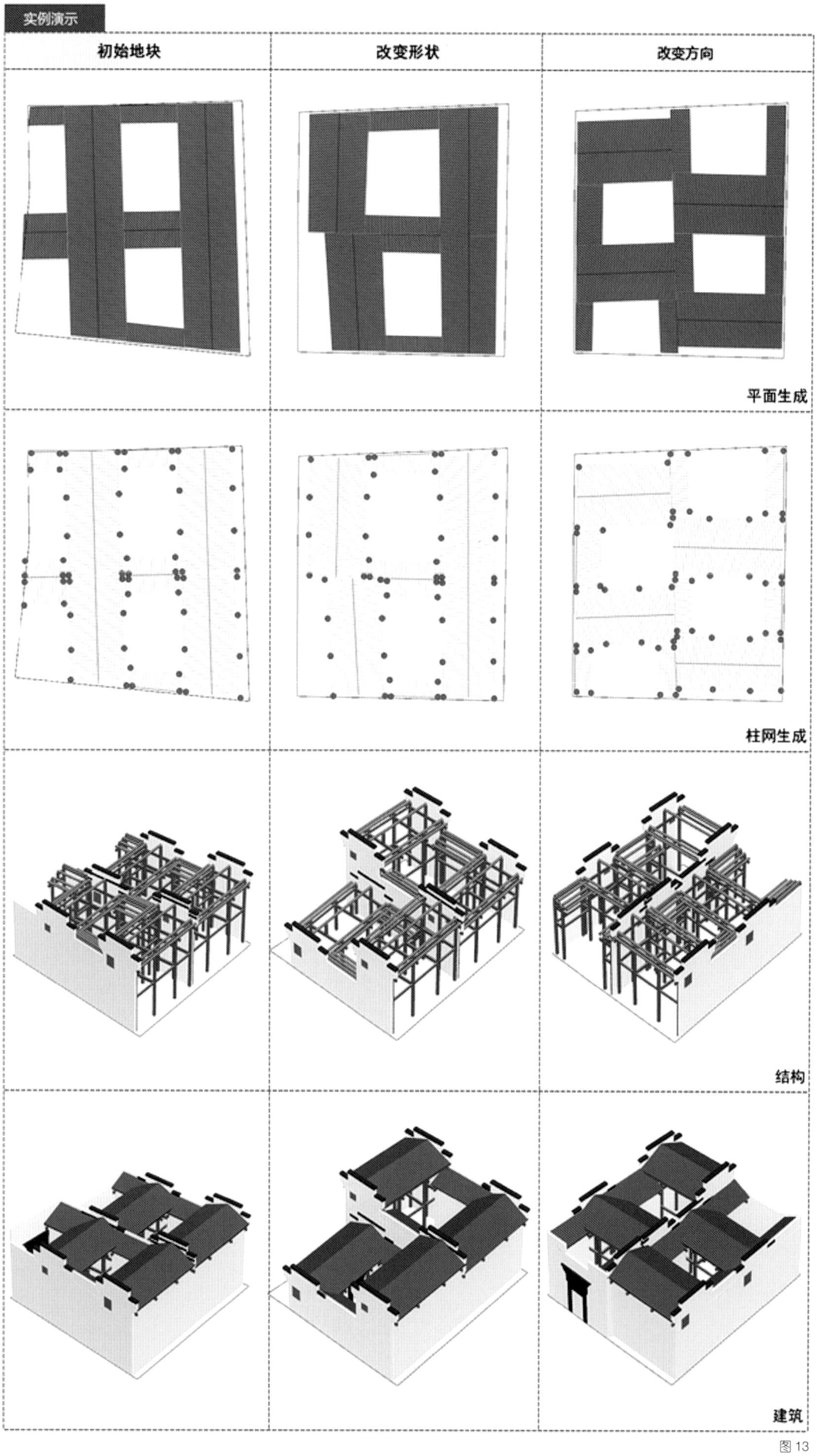
实例演示
初始地块
改变形状
改变方向
平面生成
柱网生成
结构
建筑

图 13

设计层面，系统又可以分为：输入、预处理、功能实现、输出四部分。输入条件即为给定的地块尺寸信息。预处理环节结合地块所处环境的整体规划模拟地块的肌理朝向，并规避输入条件中的混淆因素。功能实现部分包含"生形文法"设计以及数据规则系统构建两部分，也是整个设计的重点部分。输出模块完善相应的数据输出接口，使得结果能在第三方平台读取。

3. 徽州民居空间生成系统具体实现

传统的徽州民居在其形制上有着很明显的特色，通常表示为几个屋顶互相组合，围合出天井院落，各个屋顶存在着对位平行关系等等。徽州民居在尺度和比例上也有着其鲜明的特色。通过研究传统徽州建筑的平面关系，可以总结归纳出如下几点徽州民居的特色：

（1）徽州建筑的平面一般为矩形（接近矩形的四边形）、"L"形、"凹"字形、"H"形这几种平面，如下图：

（2）空间排布以基本的细胞单元"三合院"的方式排布

徽州建筑的基本地块以四边形为主，在不为四边形的地块功能的排布依然按照内部的"子四边形"为单位进行排布。由此可以得到基于模式识别的基本的"生形"操作手段：划分地块以及在子地块中依据实际条件按"三合院"模式排布房屋。

针对地块内的建筑生成，可以发现当前地块条件的特征较为容易提取即前面分析所得的"子多边形"，但是地形本身较为复杂，表现为尺度大小不定、凹角个数不定、夹角度数不定等，而且包含有丰富的结构信息。所以，比较而言"句法方法"中的子模式——树形结构更适合于地形的状况。这里的底层模式基元即为一个四边形，底层模式并不含有结构信息。因此可以认为划分是一个不断获得基地子结构的

过程。结果最终呈现为一个树形结构系统的子地块群。同时在这样的划分步骤中也涉及了基于决策理论方法的预处理以及特征抽取、鉴别函数评价的方式。

预处理主要在地块进行切分之前先对其本身因素进行优化，防止这些因素对后面的切分地块造成干扰。切分地块是一个递归调用过程，对于切分得到的子地块如果不满足要求则继续对其进行切分，直到所有子地块都满足要求。由于切分的方式有多种，所以引入随机多次取最优的方式。对划分结果的评价通过鉴别函数实现，鉴别函数由系统内多种因素互相制约互相影响共同构成。

根据划分所得的基本排布单元以及每个基本排布单元的方向，再在基本排布单元里以"三合院"或者"三合院"的变体模式排布房屋，以此得到地块内二维的平面排布。再进一步通过在空间中对于建筑高度的研究，进行地块内建筑高度的计算，来得到

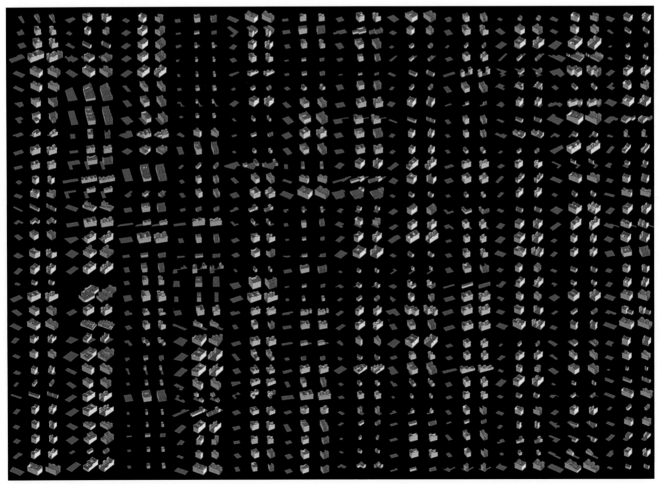

图14

三维的建筑物。

整个地块中生成的建筑，实际上是由一系列带有明确位置信息的建筑构件构成，最后只需编写统一的构件函数，即可通过方法调用呈现建筑物的全部组成部分。这也充分体现了合理的程序设计模式在效率上带来的优越性。

图 14 主要记录了针对徽州民居空间生成系统进行的测试，在这些任意给出的不规则地块上，系统都进行回应并产生了相应的结果，呈现的结果都符合徽州民居的形制与风格特征。同时，系统也表现出了极高的效率和兼容性能。生成一个完整场地上将近三百个地块的全部民居仅花费了1～2秒的时间，即使对于一些极为不规则的场地也在可能的情况下给出了相对最优的生成方案。

4.“模式提取”方法思考

课题自创性地提出“生形文法”——一种基于模式识别的建筑二维平面生成算法。对于不同类型的建筑，只要在该算法模式下构建合适的模式基元以及相应的句法方法，都可以实现生成。该算法在诸如城市设计、村落改造等项目上都具有极高的效率，且具有易更改、可扩充等优势。

艺术创作的过程从来不乏“类比”与“学习”的过程，模式提取的方式通过对原型数据化和信息化的处理和识别，再以“训练”和“匹配”的过程处理复杂度较高的设计操作。在这个过程中对于原型的模式识别、特征提取、特征分类显得尤为重要，并将直接影响生成结果的准确性和效率。设计者需要根据经验以及往复的实验测试来确定合理的模式结构和组织方式。在这个过程中，设计者对于“原型”背后的构成逻辑结构的把握显得尤为重要，有些情况甚至需要去赋予“原型”这样的构成逻辑。因此，生成设计的“批量化”生成并不会缺少设计的独特性和针对性，它反而需要设计者对设计本身有着更为清晰的认知和把握。

生成设计实现了以设计一种“生成机制”取代设计一个实物，并以其高效性带来了极高的收益，大量地减少了重复劳动耗费的人力资源并规避了人为操作中所可能带来的失误。可以预见，在其他各种富有明显特征的艺术表现形式中，必然也有适合以“模式提取”的方式介入的设计方向。

四、结论

生成设计的方法也涵盖了单一规则系统下对客观事物的规律提取，以及根据模式提取的方法构建复杂规则系统。生成设计通过概念原型，借助程序算法“试验演绎”设计过程，在极大程度上拓展了固有的设计方法，并逐步发展成为一种全新的、系统化的生产方法。同时，生成设计“过程主导”的设计原则，将设计的关注点从结果引向了“过程”，解放了传统设计方法由人主导所带来的局限性，让设计过程反过来指导设计，推动设计的发展。

生成艺术的方法系统尚处于不断探索的阶段，现阶段计算几何方法以及大量的算法模型为系统的构建带来实现基础和参考依据的同时，设计者对设计条件的自主性认知、判断和向程序转化的思维能力同样尤为重要。

生成艺术是一种关于信息、方法、思维的艺术，它不讨论任何一种具象的事物，而是通过方法论和操作手段涵盖广泛的设计对象。生成艺术为当今的设计领域带来形式与风格突破性的改变的同时，其本身的内涵与意义更不应该被忽视。整合计算机科学以及艺术设计的思维差异，通过将这种差异互相渗透互相作用的方式来激发两者的潜能，将是生成艺术最大的魅力所在。

国家自然科学基金资助项目
（51478116）

季云竹　东南大学建筑学院硕士研究生
李飚　东南大学建筑学院教授

参考文献

[1]Jongchen Shin. TOWARD GENETIC AESTHETICS: MUTATION OF BIO INFORMATION AND GENERATIVE ART SYSTEM [DB/OL] http://www.generativeart.com/GA2014_proceedings.pdf#page=11

[2] 李飚. 建筑生成设计——基于复杂系统的建筑设计计算机生成方法研究 [M]. 南京：东南大学出版社，2012:6-7.

图片来源
图 1- 图 11、图 13、图 14: 作者绘制。
图 12 根据 龚恺. 徽州古建筑丛书——棠樾 [M]. 南京：东南大学出版社，1993 改绘。

ART
OF
ARCHITECTURE

Meaning of Space in Old Building
旧建筑的空间意义

文 / 娇苏平

【引言】

随着社会发展、思想文化观念变革及历史意识、文脉意识、生态意识的觉醒，旧建筑的保护与再利用越来越为社会所普遍关注，其已不再被简单地视之为陈旧、残破、粗陋之物而加以废弃拆除，人们感受到特有的美感与诗意，认识到具有的历史价值与文化价值。当代设计师进行各种旧建筑保护与改建的设计探索，范围不仅是重要的历史文物性建筑，也包括很多一般的废旧厂房、民居、谷仓、畜棚等建筑遗存。旧建筑成为当代空间叙事的载体，很多设计师保留与表现旧建筑的古旧、残破、斑驳粗沥的美感，保存历史记忆，揭示蕴含的历史印记与意义，传承文脉及建造技艺，运用当代观念与方式对其加以保护性再建与再利用，发展生态机能，使旧建筑生成新的空间意义，适应当代社会的新需求，在当代语境中更新再生。

一、废品艺术的实验

20 世纪初艺术家们即开始利用旧报纸、旧单据、自行车轮等废旧物品进行艺术创作，从此 "废品艺术" 出现。形形色色的 "废品艺术" 创作实验，在审美观念、表现观念、叙事方式与手法方面，对旧建筑保护改建的研究探索提供启发，产生重要的影响。

1911 ~ 1913 年间毕加索、勃拉克在绘画中进行实物拼贴，开始立体主义的第二阶段即 "综合立体主义" 时期。他们用旧报纸、餐馆菜单、糊墙纸等物品拼贴组构绘画，这些拼贴画突破绘画的平面性，扩展了绘画的维度，使绘画的幻觉与真实物品相交合，成为三维之物，创造出新颖奇特的视觉图像(图1、图2)。毕加索与勃拉克的拼贴画开现代 "废品艺术" 的先河。

"现成物体" 或 "拾来物" 是杜尚艺术的重要内容。杜尚使用现成的物品作为雕塑与装置，这些物品很多是平淡无奇的旧东西。《自行车轮》将一只旧自行车轮放在厨房的凳子上，使之转动成为活动雕塑 (图 3)。杜尚提出观念艺术的主张，即一件艺术品从根本上来说是艺术家的思想 (观念)，而不是有形的实物——绘画或雕塑，有形的实物可以出自那种思想。基于艺术的本质是表现观念，普通的旧自行车轮即表现观念之物。杜尚颠覆与拓展艺术品的概念与审美概念，使旧东西也具有艺术表现的意义与审美价值。

施威特使用从街上捡来的废弃物品如香烟纸、车票、报纸、绳子、木板和金属网制作拼贴，他认为这些废弃物是 "能引起他幻想的东西" (图4)。施威特的拼贴表现了废弃物的美感与诗意，H·H·阿纳森说，他 "能够把垃圾、周围的碎屑变成奇特的、令人赞叹的美。"[①]

20 世纪 50、60 年代及以后，"废品雕塑"、"波普艺术"、"概念艺术"、"贫困艺术" 及形形色色的装置艺术，环境艺术不断推动发展 "废品艺术" 实验。废旧物的利用与表现方式更为多样化，观念意味日趋复杂。

劳申堡的 "结合绘画" 经常使用城市的各种废弃物品作为创作材料。《组合字母》在一块木台板上放了一个山羊标本，身上套着旧轮胎，木台面上有杂志报纸上剪下了的旧照片、橡胶鞋底、衬衫衣袖等物。带角的山羊是古希腊神话中深林之神萨提儿的形象隐喻，劳申堡用此废旧物品的拼贴组合表现人的原始冲动及波普艺术颠覆性的粗俗、通俗的美学取向。

艾伯特·布里的《麻袋5》以粗针麻线缝的旧麻袋为基材，表面粗沥残破，在上面厚厚地泼洒颜料，使人与战争期间浸染血迹的绷带、撕裂的皮肤与伤疤相联系 (图5)。

理查德·斯坦基威支的《无题》将各种长了铁锈的机械零件加以焊接，铁锈呈现一种斑驳的新质感的意味。塞扎《挤压》将报废的汽车部件压成团块，表现强烈挤压、扭曲与挣扎的张力 (图6)。

基于普通物品 (而非特定的油画、雕塑) 能即承载表现思想情感的观念艺术的理念，吉斯伯特·休尔施杰、赫尔曼·彼茨等艺术家创作于 20 世纪 70 年代末的《空间》以柏林一座废弃的仓库为基址，仓库破旧的空间构架、墙壁和在那里找到的瓦砾残骸与垃圾成为艺术作品。废弃的建筑空间与瓦砾垃圾被赋予丰富的叙事性与表现性，在讲述空间的往事、场地中发生的故事、事件。彼茨写道："无人能说清艺术是从何处开始的？墙上的涂鸦之作是谁画？艺术家？谁把这些钉子钉

① H·H·阿纳森.西方现代艺术史[M].邹德侬,巴竹师,刘珽译.天津:天津人民美术出版社,1994:294

成了这面墙上的那种特殊顺序？艺术家？谁打碎了对面的窗户？谁画了地板上的线条？在此远眺窗外的是谁？"② 《空间》所表现的叙事意味，在以后很多的旧建筑保护改建的项目中加以延续发展。

弗里兹·拉赫曼的《卢特左斯特拉斯情景13》与伊莎·根茨肯的《走廊》都是基于废弃建筑遗存的观念艺术创作。《卢特左斯特拉斯情景13》收集了12个工地工程的遗留废弃物，随意而不加修饰地将它们放置在一个旧建筑空间加以展示，伊莎·根茨肯的《走廊》将一段残破的混凝土构件作为艺术品放在金属底座上展出（图7）。拉赫曼与根茨肯在用旧建筑、旧建筑部件等废弃物叙事，表现观念。其使人联想这些物件的经历、与这些物件相联系的人与事件，思考形态发生的原因与意义，进行关于艺术与美的本体性质的探究。

约翰·阿姆利德的《家具——雕塑60》引发人们关于废弃物与艺术品、家具与雕塑、临时性与永恒这些概念之间关系的思考。他从街头捡来二手家具对其作些加工改造，画上图案参加展览。展览完毕，又被丢弃，"哪里来还是回哪里去"。这个作品颠覆关于艺术品的静态的观念，在时间过程中生成，生长，消亡，回归原本。

南希·鲁宾斯的《托潘加的树和霍夫曼先生的飞机零部件》由多种废弃物包括旧床垫、卡车和飞机零部件、废水箱等堆放在树木旁边制成。此作品具有社会学意义，以废弃物的杂乱组合表现了当代城市的冷漠、困惑、盘剥或堕落的图像（图8）。

以上是一些有代表性的"废品艺术"的状况。形形色色"废品艺术"创作实验不断冲击人们的固有观念，颠覆、改变着人们对于废弃物的认识，发掘、表现废旧物及废旧建筑的审美意味，开拓揭示"废旧美学"，揭示表现废旧物品及废旧建筑的叙事表现意味、社会文化意味，推动认识不断走向复杂与深化。现当代视觉艺术领域学科交流互动密切，"废品艺术"在审美观念、文化意味发掘、空间叙事与表现及构建方式等方面启发推动着当代建筑设计、室内设计、景观设计等空间设计领域旧建筑保护与改建的研究探索。

② 布莱顿·泰勒. 当代艺术 [M]. 王升才，张爱东，卿上力译. 南京：凤凰出版传媒集团·江苏美术出版社，2007:133

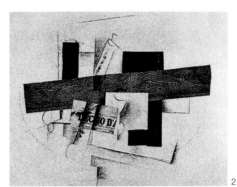

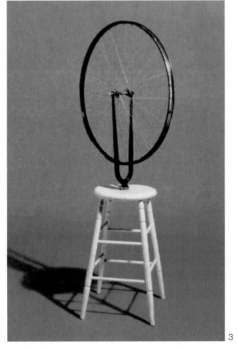

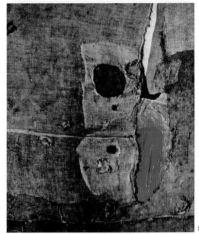

图1 毕加索：戴帽子的人
图2 勃拉克：单簧管
图3 自行车轮（1931年作，1964年复制）
图4 "废物"画25变体：星图
图5 麻袋5
图6 挤压

二、旧建筑遗存保护与改建的观念意义

基于当代文化艺术语境与技术语境，设计师们进行各种旧建筑保护改建的设计探索，旧建筑表现丰富的空间意义。

1. 表现美感

在各种旧建筑遗存保护改建的过程中，设计师进行各种旧建筑的美感的发掘与表现，旧物之美或新旧交合之美已经成为当下较普遍接受的审美范型。

卡洛·斯卡帕是当代旧建筑保护与改建的先行者。卡斯泰维奇奥博物馆与奎瑞尼艺术馆是对古代贵族城堡与居住府邸的改建项目，斯卡帕没有将这两座旧建筑整修粉饰一新，而是刻意保持原建筑遗存的残破古旧风貌，使用新的部件与之交合组构，斑驳破旧的古建筑的外观、墙壁、门窗、柱子、台阶、地面等表现着残破之美，延展历史文化记忆，引人遐思联想（图9～图14）。

埃瑞克·欧文·莫斯的设计突出地表现着废旧美学及"废品艺术"的特点。破旧、残缺、不规则的废弃建筑空间与锁链、木桁架、钢筋、混凝土管等废弃物品的形态吸引着莫斯的兴趣，他在废弃建筑及废弃材料中找寻设计灵感，菲利普·约翰逊称他为"化废品为宝石的艺人"。[3] 8522 国民大街、加里社团办公楼等是对工厂废墟的更新再建项目，废弃厂房被改建为具有时代特征的办公文化场所。莫斯把旧厂房墙壁、地面和顶棚切开，让木桁架、内部空间及各种结构暴露出来，然后在切开的地方插入各种新结构与构件，并使用各种文字与图像加以装饰，使之生成新的空间形象与意义。

图7 走廊
图8 托潘加的树和霍夫曼先生的飞机零部件
图9 卡斯泰维奇奥博物馆外观1
图10 卡斯泰维奇奥博物馆外观2
图11 卡斯泰维奇奥博物馆局部
图12 奎瑞尼艺术馆外观
图13 奎瑞尼艺术馆内部1
图14 奎瑞尼艺术馆内部2

③ 渊上正幸，世界建筑师的思想与作品 [M]. 覃力，黄衍顺，徐慧等译．北京：中国建筑工业出版社，2000:166.

旧的建筑空间与部件使莫斯感受到自由生动、粗犷奔放的空间意象与启发，他的一些作品使用钢材、金属网、玻璃等新材料与新的结构方式，刻意表现旧建筑与旧部件的不规则的残缺、扭曲的意象（图15）。

位于德国鲁尔区关税同盟工业文化遗址的红点博物馆室内设计中，设计师将废弃厂房的旧空间、旧墙壁与机器、锅炉、管线等各种设备作为工业文明的历史成果加以保留展示，建筑改建及室内装修仅作简单的局部改造。在新语境中，旧墙壁、旧机器设备等废弃之物成为有意味的室内空间的审美与艺术表现之物，表现着富有历史积淀的美感，表现人类文明的智慧与力量，营造出浓厚的历史氛围（图16）。

费恩设计的海德马克博物馆的原建筑是一座12世纪的天主教堡，后坍塌，18世纪农民将它改建成畜棚，博物馆用废弃畜棚改建而成。畜棚的残垣断壁被保留，残破的门洞嵌贴上大玻璃成为博物馆的入口大门。在这里，一般人们印象中粗鄙肮脏的废弃畜棚被转换与重新诠释，显现出具有浓浓历史文化意蕴的空间美感（图17、图18）。

一些设计师运用具有信息时代高新技术特征或当代先锋艺术特征的部件、陈设与旧建筑、旧部件相交合，制造"新"与"旧"、历史与当下交汇碰撞的意象，构成富有对比的、具有复杂意味的空间环境的美感与冲击力。

NOX的HOLOSKIN是一个旧厂房的改造方案，意图是制造能够成为地方梦幻与记忆元件的、具有艺术与信息化特征的空间图像，激发"随机的碰撞"。 NOX以对原建筑加以充分尊重与谦虚的态度进行修复保护。该方案引人注目的特征是设计师在建筑的外面罩了一层起伏波动的不朽钢网装置，其具有动感，与周围树木的动态相互呼应，构成全息摄影般的透明的光线闪烁之感，并对旧建筑及周围各种物体加以映照折射。旧建筑与新的装置构建及环境中的各种物体相交互映衬，生成奇特的、连续活动的空间意象（图19、图20）。

位于798艺术区的悦美术馆是对20世纪80年代初建造的旧厂房的改建。陶磊建筑工作室在尊重历史的前提下再造新空间。老厂房的外墙作为历史存在被毫无修饰地加以保留，在其内部植入了新的空间。内部重塑了空间逻辑，植入交错流动的体量，运用了渐变的孔洞板作为隔断，营造空间的透明感与交流氛围。该改建项目意图将

前卫、时尚与老旧的厂房相联系，相互映衬，使旧厂房具有更多的可读性与历史的温存之感。在尊重历史的同时，激发起新的活力。在空间环境的审美方面，该项目营造出历史与当下相穿越与交合穿越的美感（图21、图22）。

Envelope建筑设计公司为迪里·坦格尔律师事务所设计的办公室位于一个19世纪晚期的旧仓库里。原先的建筑结构被保留，设计师赋予其新的工业化特征，木构架、管道、电缆外露，使用色感鲜明的蓝色与绿色橡胶地板铺设地面及区分空间区域，布置先锋时尚的家具陈设。旧建筑与先锋时尚之物相交合（图23、图24）。德佩尔与斯特伊克建筑设计事务所设计了哈卡回收办公室，其位于已经闲置几十年的鹿特丹一个港口存储和分销设施建筑的一层，设计师尽量利用原建筑空间及已有的物件材料进行布置。颇具有先锋艺术特征的是隔音隔断的设计，用彩色碎布做成，犹如当代先锋艺术的色布拼贴，与结构暴露的老的建筑空间相互对比，突出着空间环境的前沿性（图25）。

2. 保存与表现场所的记忆

旧建筑及建筑部件经历着时间的洗礼，显现岁月的印记并承载往日的记忆。很多设计师努力保护旧的建筑遗存，保存往日的记忆，展现往日的生活经历，讲述往事。

在对卡斯泰维奇奥博物馆与奎瑞尼艺术馆进行改建的过程中，斯卡帕认为应当反映出"历史透明度"，通过对于各组构元素的解析与交合并置，理清不同的建筑脉络，使历史的印记真实地加以展现。在改建后的空间中，原建筑形态、空间与部件被精心加以保护和展现，使参观者感到浓浓的历史氛围与美感。

在海德马克博物馆的改建设计中，废弃的畜棚被作为挪威先民具有不可替代与复制意义的过去生活的积淀而加以精心保存。费恩在充满残破遗迹的院落中间加建了一条徐缓抬升的水泥坡道，构成参观的流线，引导参观者在历史遗存的空间与新建空间中穿插交叠，产生强烈的时空交错的幻觉。残破的古建筑遗存在呼唤往日的记忆，讲述往事，历史在新旧交错中复苏。

英国泰特美术馆是废弃的火力发电厂的改建项目。该发电厂在过去供应着伦敦的城市用电，其形象是工业文明发展的记忆及泰晤士河畔的标志物。改建中，设计师赫尔佐格与德梅隆忠实保留了存在于市民记忆中的

发电厂的外观印象，在顶部加建了2层高的玻璃的盒式空间，该空间轻盈、诗意地"漂浮"在旧建筑之上，其为改建后的美术的中庭提供采光，也作为参观者欣赏伦敦景色的休闲场所。中庭中使用粗犷的钢构架作为支撑结构，强化着火力发电厂的工业意象（图26、图27）。

在意大利都灵附近的卡雷纳砖厂整建项目中，旧砖厂的厂房被保护与改建，使之适应新的空间用途，碎砖、碎瓦也被作为历史的见证与记忆之物而加以保存和再利用（图28、图29）。

在纽约世贸中心重建方案中，里伯斯金保留原建筑废墟的地下墙基，用以表现场地中过去发生的事件，表现震撼人心的情感力量。

"9·11"后，原世贸中心建筑场址留下一个深达20多米的大坑，建筑下面深埋的摩天大楼的地基及防止渗水的"地下连续壁"显露出来。"地下连续壁"是该大楼建造时为防止地下水渗透修建的密封挡水墙基，冰冷、潮湿，表面布满斑驳杂乱的颜色和长年累月人们为制止渗水不断增补的厚厚堆积的水泥斑块的痕迹。里伯斯金在地下深埋的粗沥斑驳的挡水墙上感受到激动人心的事件，感受到城市的历史、人们建造过程的艰辛与抗击困难的意志和伟大力量。粗沥斑驳的挡水墙制造着心灵与肉体的冲击。

世贸中心重建方案中，里伯斯金保留了建筑废墟下的深坑与"地下连续壁"，将其作为新建筑的地下纪念碑或装置艺术，使参观者在阴冷、黑暗的地下空间看到这些墙体，激发强烈的精神体验（图30）。

福斯特主持的柏林德国议会大厦更新改建项目对于过去的历史遗迹予以高度尊重。在进行整修改建的过程中，一些原建筑的残破墙面、石柱、装饰与该建筑被攻占后苏军士兵刻画的文字图画，被作为见证历史的印记而原样地加以保留，向观者展现着历史的记忆及往日发生的事件（图31）。

3. 文脉传承发展

在很多旧建筑保护与改建项目中，旧的建筑遗存成为地域、场所文脉延续与发展的载体，其既是文脉及往日文明的标志与记忆之物，也被作为当下新建筑、新空间建构与发展的依据与范型，提供新的设计构建的启发。地域场所的文脉、过去的生活方式、人与自然的联系及过去的建造技艺，通过这些遗存的保护与再建而复活，在当下新语境中传承发展。

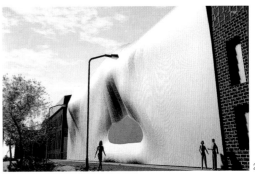

图 15 伞
图 16 红点博物馆
图 17 海德马克博物馆入口
图 18 海德马克博物馆室外坡道
图 19 HOLOSKIN 1
图 20 HOLOSKIN 2
图 21 悦美术馆外观
图 22 悦美术馆内部

图 23 迪里·坦格尔律师事务所 1

图 24 迪里·坦格尔律师事务所 2

图 25 哈卡回收办公室

图 26 泰特发电厂外观

图 27 泰特发电厂中庭

图 28 卡雷纳办公室

图 29 绿洲

图 30 地下连续壁

图 31 德国议会大厦内部

比利时哈斯贝克名为"兔子洞"改建项目的原址是老旧的农场住宅。设计师巴特·兰斯认为新建筑不是简单复原旧建筑，应当具有新的功能，使之适应当代生活需要，同时保持历史的连续性，将新增加的建筑整合到历史文脉之中。旧住宅乡村风格的样式被保留，根据当下需要，进行建筑平面重新划分，对入口、建筑的底层部分进行改建，加建了中心房间等，改建部分使用了与原建筑相似的砖砌，使新建体量与原建筑建立了新的联系，生成新形态，传统与地域文脉被以当代方式加以发展（图32、图33）。

斯洛伐克卡契蒂斯小镇的乡村工作室，是对一个约建于19世纪末的废弃砖窑的改建。该改建项目是对传统、连续性、场所和制砖历史的致敬，设计师几乎原封不动地保留了原始的砖窑的形态，包括隧道形式的屋顶、通风管道，使用了原建筑的砖砌方式。围绕原始结构，在顶部增建了钢结构的平台与顶棚。并进行了门窗等处的装修，绿色植物生长在工作室的墙面与顶面，建筑物与周围自然融合为一体。传统的空间形态被延续和发展，传统烧窑制砖的精神也被居于其间的设计师所传承（图34～图36）。

在巴勒斯坦比尔泽特历史中心区复兴的项目中，里瓦科建筑保护中心意图复兴日益衰败的比尔泽特镇，并通过保护工程推进过程复兴日渐消失的传统的工艺。该项目使用了人们能够承担起造价的传统技术与地方材料进行社区再建，建筑物被保护与修整，街道铺设地砖，增设改善供水与排水设施。传统的生活方式被复兴、传统的建筑形态与建造技艺焕发新的生机（图37、图38）。

基于人类学的视野，萨利马·纳吉致力于摩洛哥南部绿洲城镇地方文化价值与精神传统的保护。今天，该地区的古老城镇纷纷遭到废弃，配备现代化设施、以煤渣切块与混凝土建成的标准化建筑正取消替代传统的建筑物，传统的建筑技术也趋于消失。

纳吉的目标是改变此现象，意图恢复人们对于自己的历史建筑与公共空间的意识和"所有权"的精神。纳吉运用传统的土坯、石块砌筑等技艺开展对于古老的防御工事、街道、宗教学校、清真寺、民居谷仓等遗存的修复与改建，使之保持并且发展历史的传统，适应今天的生活要求。设计师引导当地的新老居民共同参与这一过程，让设计能最终为当地人所使用（图39）。

4. 生态建构

很多设计师关注与表现旧建筑遗存文化意味的同时，进行旧建筑保护改建的生态建构，研究探索减少资源消耗、节能、生态环保的新途径，使旧建筑生成发展新的使用功能与具有生态意义。

菲利普·萨米恩及合伙人建筑事务所的办公室翻新工程是对于一座建于20世纪60年代老房子的翻新改造。设计师保留了原建筑的基本形态，延续着城市街区的原有肌理与历史脉络。立面装饰性的窗间墙被拆除，无保温的石材立面与铝窗框换成大玻璃幕立面，并装上竹制百叶，使室内具有良好的景观视觉。建筑的外部安装了可调节的遮阳百叶，其避免了过多的太阳辐射，也可以有效地调节入射的自然光，同时避免炫光。室内装修大量地使用了取材便利、无异味的竹材（图40）。

位于纽约的国立奥杜邦协会总部大楼的原建筑是具有百年历史、带有明显历史特征的商业建筑，该建筑的改建基于保护历史建筑原貌与生态建构的综合观念，具体的生态特点包括：

充分利用自然光线，顶部设有隔热涂层的人字形天窗采光，空间通透，墙面涂刷具有光线反射性的浅色调，内部空间享有良好的采光。

设自然驱动的金属板装置与框架结构，使通风量增加100%，同时提供高水准的空气过滤装置。

图32 "兔子洞"中心房间
图33 "兔子洞"入口
图34 砖窑遗址
图35 改建后建筑外观

32

33

34

35

36
37
38
39
40

41

图 36　改建后室内
图 37　杂技学校修复前外观
图 38　杂技学校修复后外观
图 39　修复后建筑内部
图 40　国立奥杜邦协会总部外观
图 41　办公楼翻修

42

43

44

每层楼都设有纸、铝、塑料和有机物的回收滑道,在地下室进行分拣分类与循环利用。

使用可更新回收材料,所有办公室的家具均由可更新的木材及各种可回收利用的材料制作。

国立奥杜邦协会总部大楼改建项目提供了文脉保护与生态性建构的综合研究探索的范型。从城市可持续发展的视角看,该项目研究有降低能源与自然资源消耗、减少城市的垃圾排放及减少垃圾处理场地与资金投入,净化城市空气,保护城市水源的意义(图41、图42)。

德国议会大厦更新改建项目是旧建筑生态构建的重要范型,构建环保生态的节能建筑是福斯特提出的基本理念之一。

设计师在议会大厅的上方安置玻璃采光穹窿,中心位置悬吊圆锥状聚光体,白天经过表层覆盖的玻璃镜面反射,悬吊的圆锥状聚光体能为下层的议会大厅引入大量自然光线,节省人工照明费用。在夏季为避免太阳直射过热及避免日照反射光线太强产生炫光现象,特别设计了一个可随太阳移动的遮阳板悬挂在倒立圆锥状聚光体的顶端。

上部穹顶并非完全封闭,玻璃分层交叠固定于钢构拱圈上形成通风缝隙,供下面议会大厅内空气自然对流之需,以被动与主动相结合的方式,营造良好的通风效果,并达到节能的目的。原先的旧建筑使用柴油发电供电的方式,造价高且高污染。改建后采用向日葵籽或油菜籽提炼的植物油发电,这些植物油为储能植物体,接受日光照射后即将太阳能储存,其燃烧发电能减少二氧化碳的排放量(图43~图45)。

三、结语

旧建筑保护再建已经成为当代建筑设计、室内设计等空间设计普遍关注的内容,设计师运用当代观念与技术,采用重塑叙事逻辑、扩展空间、包裹、植入、增设部件等方式开展形形色色的设计探索。将旧建筑作为空间叙事的载体,其保护与再建具有诸多意义:

拓展审美与建筑艺术表现的边界。旧建筑及旧部件的审美意味、叙事表现意味被不断发掘,以当代方式加以更新和发展,"新"与"旧"有机交合,表现有意味的空间环境的美感,生成新意义。

保存历史记忆。呼唤、追溯往日的文明印记,讲述过去的故事与事件,丰富建筑空间的叙事性,增加建筑空间的可读性与感染力,表现场所精神并激发情感共鸣。

传承文脉,延续发展历史文化脉络。重构趋于消失的往日文明,恢复再建场所精神,发展往日的生活尊严,传承与发展过去的建造技艺。对于旧建筑的保护再建,也具有变革设计观念,激发想象,丰富发展建造手段的意义。

旧建筑保护再建是生态建筑研究探索的重要方面,以旧建筑为载体,设计师进行各种生态建构方面的研究探索,减少建造预算,节约资金,减少资源消耗,减少建筑垃圾及各种废弃物堆积排放,降低城市垃圾处置的投入,促进人类文明可持续的发展。

娇苏平 中国矿业大学艺术与设计学院教授

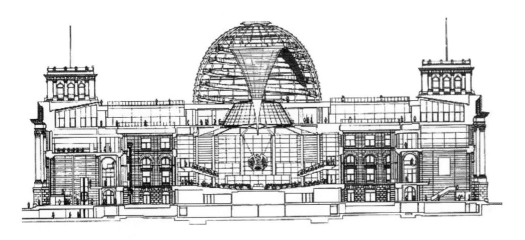

图42 国立奥杜邦协会总部内部,设垃圾分类处理装置
图43 德国议会大厦外观
图44 议会大厅
图45 剖面图

"Building Beauty" and "Beautiful Building":
Thinking and Discussion about Arrangement of a Word

"筑美"与"美筑":
一字排列差的议论与思考①

文 / 余 亮

本文的议论建立在对本杂志名的一瞬之念而假设,拟用杂志名的排列"说点事",并没有验证这样的"说法"是否合理,愿语法逻辑没问题。

《筑美》杂志出世2年多,作为专业杂志,自创刊到手拜读,就觉得她有些特别,她是唯一讲述建筑学及其相关专业"美"的故事的杂志,"美"是她的"商品",用可以窥见、具体的形象美在传播宣传她的特定理念,受众自然是对"美"有诉求,或通过阅读,允许被"美"熏陶的群体。尽管人们对"美"的"口味"和要求不见得一致,但对美的索求是肯定的。美所体现的除美术、音乐等较为直接单一的类型外,更多的是类似建筑、家具和工业产品那样的对象。美是物体及其材料的自然属性(色彩、形状和线条等)和组合规律(整齐律、节奏和韵律等)整合呈现的形象特性。杂志为解释、探索建筑和室内设计等领域的审美问题提供了平台。随着时代的进步,尽管人们的审美意识和趣味在发生变化,特别是互联网应用的生活方式改变,会加快人们审美疲劳的更替速度,但恒定的审美原则和规律不易改变,倘若变化还能区分情感上的喜好和厌恶。现代人类的2/3以上时间在建筑中度过,城市是建筑的载体,城市不能缺少建筑。同时,建筑是技术与艺术的融合,建筑除给人们使用方便外,更给人们不同的审美享受,时代已非羊大为美,审美需要与时俱进。本文不拟过多地议论美本身,也不"引经据典"地应用名人名句支撑叙述,只想借助朴的实语言和直觉感受议论一些与建筑形象相关的美问题。

① 资助:江苏高校优势学科建设工程项目(PAPD);苏州市建筑与城市环境重点实验室

一、筑美:美意感知与建筑学专业的难点

美是一种意境,是美被认知后,心理得到的满足和达到的境界,表示着美感的升华和过程,当达到赏心悦目时,此时的审美情感与心理想象的距离较为接近而引起心灵共鸣,反之亦然。虽因个体情况易使审美趣味有差异,但从多数人群看,人们的喜好判断应是有共性基础的。世界这么大,无处不藏美,依据观察视角的不同,"美"可分为鉴赏和表达的两部分,鉴赏是对形体、色彩和声音等外部世界已有的"美"形象的摄入引发的心理共鸣及认同,有从外到内的传播特性;而表达则是从内到外,即将内心世界存有的形象"美"向外扩散延伸的特性。

建筑学专业技术与艺术相结合的特征早被普通认同,建筑师不仅需要逻辑思维,还要有形象建构能力,这种双重的知识结构需求体现于目前的大学教学环节。到底美学底子要多厚?如何提高学生的综合审美能力?是各校建筑学专业需要直视的问题,往往还与学生的高考选拔制度相关。目前国内的高考基本分为文科和理科,美术属艺考,游离于文理之外。建筑学专业需要较宽的知识面(其他专业也需要),更期望美学"底子"厚些的学生,有时还需考察加试美术,而国内的中学培养往往和大学的期望不一致(图1)。清华大学和东南大学等多数院校按理工类招生,也有按艺术类考试的,如中央美术学院和上海大学美术学院等。理工类招生目前是建筑学专业的主力,考生数量多,一般进校后从大一开始修习美术课和附加的课外训练等,按每周4课时的2年总学时计算,与其他课程相比,花费在美术课程的时间很可观,虽然不能一概而论地定性学生的掌握程度,但美术学习"迷茫"的学生不是少数。笔者大学时期也曾如此,班里有美术拔尖的同学,犹如画家,设计作业的效果表现部分得心应手,这部分的分数亦可较早地收入"囊中",让不少同学甚是羡慕。由于建筑的形象思维及造型需要,对建筑设计言,美术或对美的理解功底深,其创作的适应和表达能力相对强,发展途径也宽广,这可用众多有所建树的设计大师的案例予以证明。实际教学中,美术对多数学建筑的学生而言会有种说不出的感觉,无疑是学习的最大拦路虎,特别是原先高中阶段的学习佼佼者,会在大

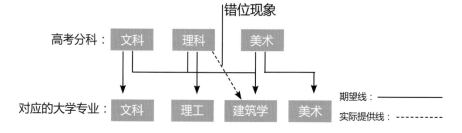

图1 中学培养和实际建筑学专业需求的错位现象

<table>
<tr><td colspan="7" align="center">不同语言方式的表现特点归纳　　　　　　　　　表1</td></tr>
</table>

类型	细分	特点	表现和机理	一般指标	美感形成	应用
听觉	言语（口头）	振动理论，方便、需要训练	发声传播，音响和音节的排列等	足够的声响，清晰度，速度等	声音强弱、频率和厚实等，感受发声人的传播内容和魅力	发言、交谈、朗诵、演剧等
视觉	文字	方便、需要思维转换，需要建立 识字过程	点和线形成笔划、字体，用字透出的含义和搭配表现客观现象	大小、明暗、排列疏密、不同民族用文等	通过字本身、字间字行的排列等，形成联想，赋予美感	文章、标语和书法等，早期为象形文字
	图形图案	形象、直观、方便，直接与客观世界接近	点、线、面、体和色彩等，再现某些场景	透视、明暗、色彩、画风画法、写实和抽象等	运用材料、用笔、画法和构图等手法，表达画者的意境，抒发情感	图片、照片、绘画等
	实体物件	直接，使用功能明确，造型显示特点	点、线、面和体，通过色彩和材料等的组合排列，突出形态	体量、明暗、序列和重复、习俗和风格等	运用材料、技术、构图等手法，直接赋予物件，表现空间和形体感等	建筑、家具、服装、各类产品等
	动作	直接、形象、需要训练	利用身体躯干、头部和四肢形成动作，赋予含义	摇摆度、上下、左右活动等	利用动作表现约定成俗含义的同时，休现形体美感	一般手势、哑语、舞蹈等

截至 2012 年，全国的 260 所高校开办建筑学专业，在校本科、硕士和博士生已近 10 万人[②]。尽管不少"怀揣着"建筑梦，早有美术准备的学生进了类似清华、东南那样的大学，清华、东南那样的学校可以挑选学生的余地大，但这不是主流，能够想象的是大部分进入其他院校的建筑学专业学生，其美学功底未必可以"恭维"，这也是对美术教学老师的一种工作挑战，年年如此。由此想到进入大一后学生要筑美，筑者，修饰和嵌入之意也，根据汉语动词在前，名词在后的一般规律，筑美单词似乎可以简单地理解为"美"被筑入，是让美依附于人的肌肤和灵魂，潜移默化地渗入到建筑思维与行动上的代名词。渗入不是目的，通过渗入使美的形象融入、筑于建筑才是目的。同时，也感悟到筑美是外部嵌入行为，存在着因内部缺乏或者没有而需外部嵌入的事实，尽管感情上这样的假设不一定情愿。

二、美意：塑造的语言与表达

美是物体被感知的情绪感受判断，是物体形状、尺度、色彩和比例等元素整合塑造而发的心理反应。美的感知是形体、色彩等因素转为头脑认识的语言符号过程，美意无所不在，大小不限，更不是数量问题，如日本有的企业就放过不起眼的小螺钉，还使它具有特殊含义，图 2 的 A 可用在公共设施上，如洗手间的手纸架等，它不易被人恶作剧地拧出，B 是笔记本电脑的专用螺钉，两种螺钉既有防止拧出的功能，又很美观。

A. 恶作剧防止用螺钉

B. 笔记本电脑专用螺钉

图 2 不起眼的小螺钉

依据美所依附的对象及表现类型，大致可分为言语、文字、图形（画和照片等）、实物、身体和手势的肢体语言等。如简单地用刺激反应模式去衡量审美的感受时，就有感知速度的快慢，感受量大小等的变化指标，作为表现方总希望自己的作品被对方用较短的时间反应接受，传递出想要传达的意境。当声音或其他媒介不能以单独或事先约定的语言表达美的意境时，视觉形象便成为人们交流表现的常用手段，利用图形可让对方认识熟知的形象并予以理解，这时的图形充当了重要的符号及语言角色，由图形形成的语言，早就应用在汉语的象形文字中。文字是符号化的语言，她利用字中透出的事先人为规定的含义传达某种意思，通过字间的排列搭配叙述一件事情，读到、听到她，首先理解她的含义，并根据含义想象场景情节。图形则直截了当地重现客观世界，通过对物体的抽象描绘，不仅还原了物体的原有特征，还使物体具有某种审美的趣味意境。人们习惯利用图形语言交流和传达感情，一般不分国界和民族，设想当你在外国的某餐厅用餐，不懂英语或当地语言（口头和文字），没法沟通时，则可使用图形语言，如想吃烤鸡时，可画一只鸡，并在鸡下画上火，即便服务员

不懂言语，也易理解图形，这时的图形起到了沟通作用。

作为沟通的语言类型，图形与文字相比，在表达同样内容时，图形更直接形象，比文字易理解且速度快而应用广，手机就使用了较多的图形充当文字，言简意赅且节省了内存空间。不同语言方式的表现特点归纳于表1。

建筑是种看得见和摸得着的形象，是美学构图法则的具体应用，通过建筑师的设计创意，不仅能够满足建筑的使用功能，还使建筑嵌入了形式美感，建筑的审美与人们的品位喜好直接相联，当心理距离接近时会产生愉悦共鸣，如埃及金字塔的尺度巨大，易使人望而生畏并产生雄伟神圣感，建筑上不少政府大楼的设计就常常利用这一古老的美学构图法则。

三、美筑：形象培育与图形思维

追美、索美是人的本能，美感不会自动附之于身或与生俱来，美感是鉴赏和表达两方面的综合素质体现，不可能一蹴而就，需要培育（图3）。尽管不同民族的美感认知有差异，但对培养的重要性认识是一致的，既要重视国民的整体美育素质，又希望从早

② 仲德崑 . 中国建筑教育——开放的过去，开放的今天，开放的未来，2013 全国建筑教育学术研讨会论文集，中国建筑工业出版社，2013.9

培养。依据笔者多年的日本生活感受，觉得日本的一些做法值得思索借鉴。其一是全方位的美育培养，在日本，美被当作潜在的修养素质被国民认同，从个人到家庭和国家，无处不藏美，美意呈现在各个环节（图4的A），处处有设计，形成了整齐有序又舒适惬意的生活环境。除了日积月累地培育出插花、茶道和漫画等日本特有的景观形象外，最主要的是孩子自小就接受了完整的美感熏陶，如很小就看妈妈早起做饭（妈妈即使早上上班，也有坚持做早饭的），为爸爸和家庭成员准备需带走的午餐吃的饭盒，饭需新做，菜是昨晚准备，饭和菜的材料、烹饪方法，特别是盒内的搭配构图效果都是单位和学校大家乐于评论的话题，饭盒不仅为家庭成员储备了一天的能量，也有意地培育了孩子心灵的审美意识（图4的B和C）。其二则是图形感知的思维方式，由于图形的简单及形象等特点，在日本应用很普遍，如用图能说清的事情尽量用图（各种图的类型），少用文字，或在文字边用图标注，就手绘的能力而言，并不见得要画的多么出色，能表达自己的意思就可，许多日本人都能画一些，而且不分场所，应用很多，这种用图感知的思维方式无疑提升了国民的审美趣味和能力。

建筑师职业的许多方面涉及形象创作，应用图形语言表达设计意图很自然，日本多名建筑师连续获得被称作建筑诺贝尔奖的普利茨建筑奖，当他们的设计成就与个人努力被世界认可的同时，是否与他们一贯的图感思维、形象培育的土壤有关？这是我经常思索的问题。尽管国内一线建筑院校不愁招不进图形感强的考生，但多数院校肯定有不同声音，如果全民的美育素质能提高一个层次，可以想象今后各校间建筑学考生的形象思维差别一定会缩小，学生在大一时就不需再修很多的图形美术课，说明美或部分美已被"筑"，那一天杂志名是否可以变成"美筑"，是否可以期待？这正是我写此文的目的。

余亮

苏州大学金螳螂建筑与城市环境学院教授

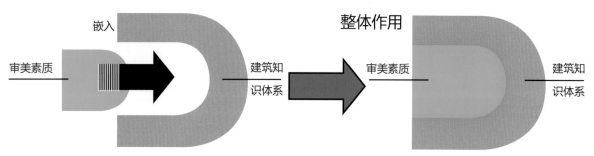

嵌入　　　　　　　整体作用

审美素质　　　　建筑知识体系　　　　审美素质　　　　建筑知识体系

图3 建筑知识体系与美育嵌入

A. 日本东京品川车站前的路边小花店摆设

图4 无处不藏美的日本例子

B. 妈妈做的孩子饭盒

C. 妈妈做的大人饭盒

Study of Architectural Arts
建筑美术研究

文 / 丁　鹏　张　群

建筑美术是建筑类专业学生的一门必修课程，严格说，到目前为止建筑美术只是一种叫法而并无明确的概念，就如同当代壁画只是一种称谓而并非是一个画种。我们普遍认知的建筑美术是我国特定时期教育模式下的产物，从根本上讲，建筑美术实际上是对工科类院校为补充建筑类专业学生在中小学阶段所欠缺的美术素养所开设的基础课程的统称（一般被理解为同艺术类专业基础无明显差异的素描、色彩、速写等课程）。然而，随着我国高校的学科发展，很多艺术类高校也开设了建筑类专业，作为基础的建筑美术课程自然也不能因其生源具备相对完善的美术基础而被消减。自此，作为不同背景（工科类与艺术类）的两大类院校美术教师以两年一度的建筑与环境艺术美术教学研讨会为媒介展开了数次讨论，有效地推动了建筑美术学科的发展。

笔者认为，尽管"建筑美术"的初衷只是解决建筑类专业学生的基础问题。但随着建筑类专业的"扩建"，相关学术机构的补充，以及对其进行研究的业内人士的不断增加，我们有必要对建筑美术进行重新认识，并明确其学科概念与具体研究内容。

一、建筑美术的概念

建筑美术是一门交叉学科，探索的是建筑与美术的关系问题，其研究范畴应包含一切与建筑相关的美术创作活动。

二、建筑与美术的关系问题

一直以来建筑都是作为美术的一部分出现在美术史的教科书中，很多经典的建筑也常被比作凝固的音乐或精神的雕塑。在人类文明尚处于蒙昧时期，原始的洞穴中就已出现绘画的痕迹，这足以说明建筑与美术的历史渊源。

文艺复兴以前的西方重要建筑都是为神而建，因此，在建造过程中都是不计代价地追求某种形式特征，其艺术价值也自不必说。布鲁内莱斯基、米开朗基罗、拉斐尔等文艺复兴时期的大师都具备艺术家和建筑师等多重身份。佛罗伦萨教堂、市政广场、西斯廷教堂的外观和内部装饰充分体现了雕塑、绘画与建筑是密不可分的整体。

中国画常以建筑为题材，将建筑与自然结合得天衣无缝，与此同时，中国的古典园林也常借鉴国画中的许多因素。我国古建筑虽因材料等因素保留不多，但通过美术作品的"记载"也充分体现了特有的"天人合一"的建筑美学特征。《清明上河图》反映的宋时汴梁场景，画中所绘住宅、园林、村落、寺观、店铺、酒肆，提供了大量的历史

考证依据。古代的山水画如同当今的设计图，画面中的小桥流水、亭台楼阁，景物布置虚实对比、均衡得当、疏密有致，与中国园林亦有相通之处。

相对于西方古典建筑的巨幅壁画，中国古人更偏爱于将彩绘用于建筑构件，图案寓意吉祥。无论中外，将颜料涂于建筑表面，除具有精神作用外，还能对建筑构件起到保护作用。

然而，今天的建筑更多地注重材料（节能、环保），功能（合理、舒适），冗繁的装饰和不合时宜的艺术品堆砌显然已不符合今日人们的生活和审美的需求。那么，作为建筑与艺术交叉的建筑美术，研究的范畴及发展方向成了我们思考的问题。

三、建筑美术的研究的范畴

1. 美术创作与建筑设计的相互影响

当今时代的美术创作如何与建筑设计二者间相互影响是研究建筑美术首要考虑的问题。

印象派、立体主义及抽象艺术的演变，使得现代建筑设计产生了由功能到形式、由具象到抽象的变革。立体主义以及其后的艺术流派改变了人们的审美观念，使建筑理念被不断突破和更新，在立体主义绘画形式及其思想的影响下，现代建筑设计优化了建筑功能，为人们带去了更多空间体验，并且促进了建筑技术的飞速发展。

蒙德里安的艺术对整个 20 世纪的建筑、工艺美术及装饰艺术都产生了很大的影响。里特维德设计的乌德勒支住宅是对蒙德里安抽象绘画的一种直接建筑解读。弗兰克·盖里设计建造完成的西班牙毕尔巴鄂市的古根汉姆博物馆，如同立体派的绘画般地将结构重组。

建筑师通过抽象艺术的秩序法则使得空间从厚重的墙体和冗繁的装饰中解放了出来，成为可以进行几何化演变的立体构成。

扎哈·哈迪德的设计思想深受包括马列维奇的至上主义及康定斯基的抽象艺术影响。她常突破建筑设计的常规法则，从而体现出梦幻般的动态效果。哈迪德的建筑可以说是一种绘画性建筑，她将绘画与建筑进行了糅合，使之产生了梦幻般的效果。

2. 建筑师的设计草图

扎哈·哈迪德在探讨方案过程中把草图画得非常工整，几乎每张草图都是一幅完整的抽象绘画，她把这种表现方法看成是设计的必要过程。建筑师的手绘草图，是建筑美术在建筑设计领域的最直接应用与体现。通过研究建筑师的手绘草图，能够充分明确美术在设计过程

中所产生的作用以及建筑师在表达过程中运用何种的绘画语言。很多建筑设计师的设计草图已经可以视为具象或抽象的艺术作品。

3. 除使用功能以外的建筑内外部装饰及附属于建筑的艺术表现形式（壁画、雕塑、公共艺术等）

早在原始时期的洞穴中就已发现人类描绘的痕迹，时至今日，壁画仍是人们装饰空间环境的重要手段，并且其制作材料及表现形式得到了极大地丰富。尽管建筑本身便可具备独立的艺术性，但它不仅是新技术、新材料、新文化的综合体，更应是能够与人进行"情感交流"的艺术体。

建筑雕塑是指附属于建筑，具有装饰或寓意的雕塑，或运用于在建筑构件上，成为直接构成建筑物的材料；或"独为一体"，统一于建筑周围环境。建筑雕塑对人们的审美需求和精神向往发挥着重要的作用。在西方，自古以来雕塑与建筑的关系就是相辅相成、互相补充的。每一座哥特式建筑都可视为精神的雕塑。文艺复兴时期的雕塑大师更以无与伦比的技能将雕塑与建筑融为一体。中国的建筑雕塑在发挥装饰作用的同时，其题材还具备丰富的寓意。宫廷建筑的龙的形象，民居建筑上的动物和花卉均有着象征性。雕塑和建筑无论在形式上还在内容上都拥有共同点，很多现代建筑已成为综合艺术的空间，如澳大利亚的悉尼歌剧院和美国的自由女神像已将雕塑与建筑的功能融为一体。

公共艺术是一种当代的文化形态，融合了各种艺术创作的表现形式，并且可以通过任何媒材进行创作。公共艺术是"城市"思想的体现，代表着特定"地域"的文化和价值观。公共艺术同样能够赋予建筑新的内涵，唤起人们对相关问题的思考和认知。

因此，作为建筑艺术的延续，壁画、建筑雕塑，公共艺术等艺术形式应纳入建筑美术的研究范畴。

4. 围绕建筑创作的美术作品或以建筑为题材的美术作品

古今中外的很多艺术家都围绕建筑进行创作，他们的作品或是与建筑融为一体，或是把建筑风景作为创作的素材。这些作品都应该作为建筑美术图像研究的范本。

古典时期的艺术，绘画、雕塑作品与建筑是密不可分的，文艺复兴时期的很多经典作品都是如此。文艺复兴以后，绘画尽管"脱离"了墙体，但很多艺术家的作品仍与建筑息息相关。

维也纳分离派大师居斯塔夫·克里姆特为整个奥匈帝国的大量建筑物进行了多年的壁画创作和天花板绘制，他巧妙地将具有象征性的艺术形象设置在建筑环境中，创造出了独一无二的装饰语言。

被人认为得了"绘画狂热症"的阿道夫·门采尔一生创作了数千幅作品，其中建筑风景作品占据了相当大的比重。他不管走到哪里，总是随身带着绘画工具，无论大街小巷，还是乡村田野，处处可以看到画家挥笔作画的身影。

西班牙超现实主义大师安东尼奥·洛佩兹·加西亚尽管采用的是写实的绘画语言，但是他笔下的马德里街景却极其富有现代感，他对物象细致入微的处理赋予了平凡景物神奇的魔力和鲜活的生命力。

水彩是建筑表现的必要手段，当代著名的水彩画家如美国的约翰·绍耶勒那、波兰的保罗·迪莫其和格热戈日·罗贝尔的建筑风景作品都可以作为建筑美术作品的范例。

我国著名的建筑大师齐康先生创作了很多建筑美术作品，他曾说："我经常利用出差（国内和国外）的机会写生。大自然是我绘画的对象，大自然的美常使我感动。我认为建筑要适配于自然，要和谐，要进入画境，要有一种惊奇之感。画是我最最亲密的朋友。"

5. 手绘效果图

手绘效果图是设计类专业必须掌握的一门技法，更是表现建筑的有效途径。用手直接描绘头脑中的形象，是最为有效的记录设计构思的方法，形象落实之后的直观性，又能够进一步启发作者的设计灵感。效果图的直观性决定其是与非专业人士沟通的最佳媒介，同时也是设计师表达设计思想的最直接有效的方法，在设计过程中，效果图往往能够起到决策作用。随着现代科技的发展，通过电脑制作效果图的技能在设计领域得到普及，尽管其逼真的效果非手绘所能及，但从艺术角度看，手绘的生动性仍是其他手段无法替代的。在作为设计媒介的同时，优秀的手绘效果图同样可以作为艺术品观赏。因此，作为建筑表现的手段，手绘效果图也应纳入到建筑美术的研究范畴。

四、当代语境下的建筑美术发展趋势

1. 当代艺术语境下的建筑美术

"当代"是我国美术工作者们近年来艺术创作的一种倾向，在全球一体化的大背景下，将中国的艺术发展道路与国际接轨也的确是有必要的，但如何融入国际艺术范畴，是否需要全民如此，却是有待商榷的。建筑美术虽属于艺术领域，但涉及学科之间的交叉，因此具有特殊性。一方面美术创作能够启发建筑师的设计灵感，另一方面作为建筑类专业的从业人员又需要具备相应的美术基础。因此，对于建筑美术不能简单地一概而论。很多美术工作者同时具备"艺术家"和"教师"两种身份，艺术创作虽属个人行为，但艺术教育则具有公共的性质。因此，是通过"当代"改造"传统"，还是把前者作为后者的补充，这些都是当今中国每一名艺术工作者，尤其是美术教育工作者需要思考的。

2. 建筑美术的未来发展

伴随着我国城市化进程的脚步，建筑类专业学科也在蓬勃发展并不断完善，更多的专家学者投入了建筑美术的研究领域，很多艺术家、设计师也在围绕建筑不断地进行创作。现如今，我国很多艺术类院校也开设了建筑类专业，因学科背景不同，其办学模式势必会与工科类建筑院校有所差别。笔者认为，在学科交叉发展并不断擦出火花的今天，无论从技术层面入手，还是从艺术角度切入某个领域，二者终究会殊途同归。也许在不久的将来，艺术家和建筑师会再次不分你我；我们身处的环境，也将处处风景如画。

丁鹏　张群　沈阳建筑大学

参考文献
[1] 贡布里希. 艺术的故事. 范景中，杨成凯译. 南宁：广西美术出版社，2014.
[2] 潘谷西. 中国建筑史. 北京：中国建筑工业出版社，2015.
[3] 陈志华. 外国建筑史. 北京：中国建筑工业出版社，2010.
[4] 曾坚，蔡良娃. 建筑美学. 北京：中国建筑工业出版社，2010.

From Form Construction to Form Generation
从形态构成到形态生成

文 / 胡 伟 贾 宁 田海鹏

【前言】

在多元化、信息化、数字化的时代背景下，建筑造型受到越来越多的关注。从历史的角度来看，建筑形态的发展在不同时期呈现出不用的风格与特点，其思想与方法也在不断地完善与创新。其中，引进于 20 世纪 80 年代初的"形态构成"作为建筑造型的主要概念，在我国经历了三十余年的应用和发展，已经扎根于建筑设计的基础教学体系中。

然而，国内的构成教育之初，正是"后现代"思潮风行西方之时，很多思想和理念并没有及时融入形态研究之中，这一点在建筑学方面体现得尤为突出，从而导致原有的形态构成理论和教学方式在面对一些先锋流派和建筑时显示出局限性，从而束缚学生的形态认知和创作能力。为此，我们从建筑形态的时空演变中追根溯源，紧密结合当下科学技术的发展，并通过对其他国内外相关基础专业课程的理解与分析、在自身教学经验与方法的总结上，对"建筑造型"这门基础课程进行了一系列的改革与创新，这些尝试对于培养学生的建筑造型能力、空间分析能力以及设计思维的发散等，起到了良好的促进作用。

一、建筑造型基础课程现状研究

建筑造型不仅要求学生掌握造型的基本理论和方法，更要求学生能够具备一定的形态创新能力和设计表述能力，为日后从事建筑学相关专业课程奠定良好的审美与造型基础。总的来看，各大院校开设的此类课程在教学内容上通常以平面构成、色彩构成、立体构成传统三大构成理论为依据，大致分为两个阶段。第一阶段为理论阶段，由教师系统地介绍关于形态构成的理论及其发展脉络，让学生对于建筑形态、建筑构成有所了解。第二阶段为实践阶段，学生在教师的指导下进行形态构成的相关训练，在动手实践中深入理解造型、构成的审美要求，完成最终的课程作业。然而，在传统的基础教学中，由于种种原因，面临着一些亟待解决的普遍性问题，归纳起来有以下几点：

1. 理论和思想的断层

建筑形态构成的理论及思想来源于 20 世纪初、中期各艺术与建筑流派尤其是包豪斯教学工作的经验总结，并受到索绪尔"结构主义"哲学的影响。然而，随着后现代主建筑思潮的出现，"精英主义"的中心论、确定性、秩序性等思想受到质疑，尤其是解构主义的登台，正式向传统的现代主义建筑发起挑战，其思想的核心在于反中心、反二元对立、反形而上学。德里达的解构主义哲学利用"消解"与"分延"的概念完全切断了结构主义哲学中的"能指"与"所指"的思想，将建筑形态引向一种无序和非理性。到了 20 世纪末，随着社会的进步、各领域的交融，尤其是复杂性科学的研究和计算机技术的发展，建筑形态开始向一种自组织与自适应的方向前进，并从德勒兹的"生成论"

中找到出路，彻底地摆脱了西方一直以来的"还原论"的思维框架，从而造成建筑形态的革命性与颠覆性变革。

然而，与建筑领域日新月异的发展态势相对应的，却是国内高校教学中建筑形态研究理论与思想的断层以及教材和教学方式的陈旧。各大高校大多仍以传统构成理论为核心指导学生从事形态创作，而在面对当代的一些复杂性、非线性的异型时，大都选择了欣赏甚至是回避的方式。在教材选择方面，国内目前的基础教材大都借鉴了辛华泉的《形态构成学》以及尹定邦的《色彩构成》，总的来看，目前高校开设的建筑造型基础课程存在理论上断层，仅仅依靠形态构成理论来分析 20 世纪中后期至今的建筑形态，局限性不可避免。

2. 方法与技巧的缺失

由于受"还原论"思想的影响，人们通过对形态的分析，将其归纳概括为一些基本的要素，如点、线、面、体、色彩、肌理等，并按照一定的规律对这些要素进行排列、组合，从而获取形态上的丰富与多样。构成的思想和方法体现了人们对于形态形成的内在规律的认知，其核心论是将事物看作是静止的、封闭的、整体等于部分的叠加。然而，当代的一些先锋建筑形态并非是简单元素的变形或组合，更多的是通过计算机的模拟以及参数化的设置，呈现出一种类似"生长"的生命系统，其本身具有一定的自组织与自适应性。同强调形态美法则的主观性的形态构成不同的是，形态生成是一种数字化的造型手段，强调的是形态内部的逻辑和法则，通过一些复杂性科学，如分形、CA模型、遗传算法、混沌学、涌现论等，大大拓展了建筑形态的广度与深度，突破了传统的造型思维和手法。

因此，对于两种截然不同的创作理念和方法，我们还坚持形态构成的单方面思维和技巧，将会束缚学生创新思维。

3. 学生重视程度不够

在建筑造型以往的教学经历之中，我们发现学生对于课程的积极性和投入程度不高，往往对同时期开设的设计初步或其他专业设计课程兴趣颇深，大多数学生很难或不愿意在课余时间阅读相关的建筑形态文献，而更多地选择一些急功近利的方法，如抄袭同类设计基础书籍的构成作业或在一知半解的情况下依葫芦画瓢地进行造型练习，从而很难达到对这门基础课程的深入理解和熟练运用，更不要说在随后的设计课程中通过形态创作来丰富和完善自身的设计作品。

4. 课时安排短而紧凑

在建筑学专业课程中，建筑造型课程安排紧凑，课时又较为简短，短期内集中向学生灌输的建筑造型的原理与技巧，很难达到深入展开、融为己用的层面。不仅如此，由于建筑形态的日新月异，在建筑造型的基础课程中，越发需要融入一些有关"建筑生成"的理论和方法，而这些改革不仅需要结合很多新的教学思想，还需要一些新的计算机辅助设计软件，以上这些仅仅靠短短的两周课程根本无法达到。另外，在学生方面，刚刚理解了一些形态创作的原理和方法，就要立刻面临提交课程作业的压力，无法及时消化所学知识。针对一些对形态构成感兴趣的同学，也缺少在课余时间深入理解和掌握建筑形态创作的过程。

二、从构成到生成的建筑形态对比分析

从上面的问题分析不难发现，建筑形态发展到今天，构成思想的局限性和生成思想的萌芽成为短期国内建筑造型基础课程的主要矛盾，促使相关研究人员和教学工作者在研究建筑形态的理论和方法上，需要系统、客观地分析西方建筑形态的发展脉络，认识到建筑形态从构成到生成的演变过程，分析两者之间在思想、内容以及方法上的不同，并将其更好地融入建筑造型基础课程的改革与创新中，完善和填补当下存在的问题和漏洞。

1. 形态构成与形态生成的核心思想不同

"形态构成"作为近代造型的主流概念，其所谓的"形态组织语言"受到"结构主义"思想的影响，通过"能指"与"所指"的对应关系来分析客观世界，被看作是西方"还原论"思想的具体产物。受此影响，形态构成吸收了西方传统形而上学的审美原则，如主从思想、层级观念、整体与统一的意识等，并形成了一套比较完整的、强调主观意识的创作思路和方法，即形态构成原理；另一方面，"形态生成"以德勒兹的后现代哲学思想为根基，并不涉及"能指"与"所指"的意义，也不关心表象背后的本质问题，而是将"生成"概念集中于周围的环境、所处的状态、受到的场力以及产生的影响等客观条件的设定上。由此可见，"形态构成"与"形态生成"在核心思想上存在着本质的不同，前者探究的重点在于事物背后的构成规律，后者则更关注事物之间的因果关系和影响。

2. 形态构成与形态生成的研究内容不同

受还原论思想的影响，"形态构成"更多地将事物看作是静止

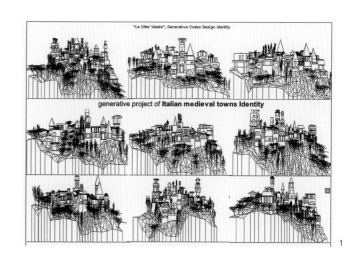

的、封闭的、独立的、整体等于部分的叠加，在具体的处理手法上，则是通过简单的几何要素，进行有规律或有目的的分解与重组，以获取形态上的丰富与多样；而"形态生成"由于不涉及形态变形的法则问题，而是更多地关注各种内部与外部因素的影响对最终形态的产生所起到的限制作用。因此，"形态生成"研究的重点在于"生成"的具体方式，其内容主要是设计影响建筑形态的参变量，更加注重形态本身的逻辑规则的演化过程。由此可见，"形态构成"重点在于研究几何形体的变形与组合，而"形态生成"更多地关注参数与生成算法的设定。

3. 形态构成与形态生成的设计流程不同

"形态构成"受到索绪尔"能指"与"所指"思想的影响，根据建筑所要表达的意义选择合适的建筑形式——"符号"与"意义"的对应关系。由于形态构成原理的核心内容是形态的变形和组合方式，因此，建筑师在考虑建筑形态的过程中，根据形式美的相关法则，主观地对建筑形态进行修改和调整，形成最终的设计方案；而"形态生成"既不涉及建筑的"所指"问题，也不关注形式的变形法则，而是将重点放在影响建筑形态的客观因素。因此，从一开始就需要建筑师综合地比较和考虑建筑的环境、功能、气候、地理、交通等因素，并通过设定合理的逻辑法则和参数，将抽象的客观条件输入计算机中形成影响建筑形态生成的"场力"。最终，使建筑形态在各种"力"的影响下生成，从而将强调"结果"的构成思想转化为强调"过程"的生成思想。

综上所述，"形态构成"基于传统的艺术创作手法，受到创作者主观思维的影响，对作品自始至终具有可预知性和控制性，是一种"自上而下"的创作方法；而"形态生成"则强调客观条件的重要性，其生成过程依靠参变量和运算法则在计算机中模拟实现，是一种不可知的"涌现"过程，具有"自下而上"、非线性、自组织、参数化等特点。

三、建筑造型基础课程的改革与创新

通过上述对比与分析，我们可以清楚地看到有关建筑造型在当今趋势下所反映出的变革和进步，有关建筑造型的基础课程改革亟待进行。笔者通过长期的理论研究和课程实践，不断的尝试和调整，逐步引入"从构成到生成"的形态创作改革策略和方法，使学生由浅入深地全面掌握建筑形态的发展脉络和创作手段，激发学生的创作热情和研究兴趣，教学效果有了显著提高，其改革策略和成果总结如下：

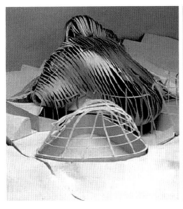

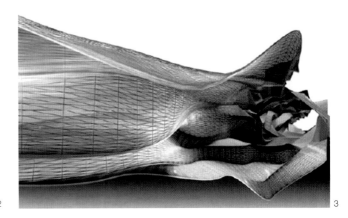

图 1 一组意大利中世纪城市形态的生成 . 索杜
图 2 利用生物学理论生成的胚胎住宅 . 林恩
图 3 将量子力学融入设计中生成的建筑形态 . 朱
图 4 基于 Wet Grid 概念的空间形态模型 .NOX
图 5~图 8 学生作业

1. 建筑形态理论的完善

除了有关形态构成理论的讲解，笔者逐步加入了 20 世纪中、后期的建筑思潮的发展和变革，围绕着从构成到生成的建筑形态演变思路，向学生介绍一些典型先锋建筑师及其创作手法，如弗兰克·盖里与 CATIA、彼得·艾森曼的"深层结构"、雷姆·库哈斯与社会学、切莱斯蒂诺·索杜与生成设计、格雷戈·林恩及其后现代哲学思想、卡尔·朱的"源空间"以及 NOX 的内在性研究等（图 1～图 4），使学生对"形态生成"的概念和理论以及当代一些先锋建筑的创作过程有了更为深刻的了解，大大激发了学生的好奇心和创作热情。另外，鼓励学生在课余时间搜集有关形态构成与形态生成的理论和案例，选择自己的兴趣点在课上做 PPT 的学术交流活动，加深对建筑形态理论与方法的学习和掌握。

2. 形态创作方法的补充

笔者在有关建筑形态创作原理和方法上，采用了形态构成与形态生成两方面的讲授。针对形态构成部分，笔者避免以三大构成为基础的传统授课方式，抓住构成的核心思想——要素的打散与重组，通过形态构成基本方法、建筑形态单体变形以及建筑形态组合原理三部分，全面地介绍形态构成的创作原理和技巧。另一方面，针对形态生成，笔者更多地采用启发式的教学方式，通过一些生成原理和算法的介绍和讲解，让学生逐步深入地理解形态生成的过程和创作方法，并通过指导作业与学生深入交流，让他们针对性地学习相关软件并进行形态生成的创作，从而大大丰富了学生的创造力，进一步加深了对建筑形态的理解和认知（图 5～图 8）。

3. 授课时间的调整

传统的建筑造型课程基于三大构成的教学体系，更多地强调对形态的理解和创作，因此大多将课程安排在一年级或二年级就开设。经过长期的教学反馈与摸索发现，过早地开设此类课程很容易流于形式，学生在缺乏相应的建筑设计理论以及艺术修养的前提下，很难理解和运用造型手法从事相应的形态创作。此外，建筑造型涉及设计方法和技巧，同样关注学生的审美素养和理论知识。因此，系领导将授课时间调整为三年级上学期，让学生先经过两年的积累，然后再通过建筑造型的课程学习，整合和提升学生的整体创作水平，规范学生的造型手段和方法，并逐步升华到从构成到生成的形态创作中，从而更好地结合当下建筑思潮的发展，使学生由浅入深地全面掌握相关理论与方法。

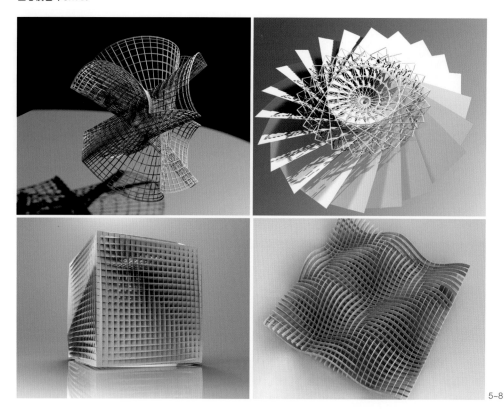

5~8

4. 创作手段的丰富

在过去，形态创作的练习大多是手工制作，分为纸上作业和模型制作，不仅创作周期长，课程范围内完成的作业量小，也不利于教师及时地进行课堂指导和讲解，学生很难在有限的时间里全面理解和掌握形态创作的各类方法和技巧，更谈不上进行相关形态生成的创作练习。而计算机技术的融入很好地解决了这一问题，无纸化的练习和创作，可以在短期内完成各种造型训练，不仅如此，教师还可以进行现场指导和示范，针对学生的问题给予针对性的解决，不仅保证了练习量，还加深了学生与教师的互动，从而有助于学生深入、全面地理解和掌握形态构成的相关知识和技巧。

5. 相关成果的取得

通过以上的教学调整和改革，建筑造型这门基础课程逐步受到了学生的重视和喜爱，有些学生还自发学习一些设计软件，如Sketchup、3D MAX、Rhino 等，从而大大提升自身的创作水平，为学生参加设计竞赛产生了一定的帮助和影响。其中，并在一些大型竞赛中取得了优异成绩。其中，由"全国高等学校建筑学科专业指导委员会"组织的，全国162所高校参与的"2013年第二届全国高等院校建筑与环境设计专业学生作品大奖赛"中，我校获得了形态设计类的一等奖和优秀奖；此外，学生们在全国大学生建筑设计竞赛以及全国学生结构设计竞赛中也屡次获奖，毕业设计中的建筑造型也取得了较大的突破和提升。

四、总结

综上所述，"建筑造型"是建筑学专业的基础课程，是挖掘学生创新意识和创新能力的重要过程，是实现基础与设计对接的关键桥梁，

应该受到越来越多的重视。随着科技的发展和复杂性理论的可视化，我们也必须看到建筑形态在经历着"从构成到生成"的历史性转变，新的造型理论和方法需要我们不断地探索和研究，并将其及时地反映到相关的基础课程中，以拉近教学与实践的距离，让学生全面地、客观地理解建筑形态的先锋魅力，以激发学生的创造力和兴趣点。当然，作为一门以发散思维、培养造型能力为目的的创作课程，传统的形态构成原理和方法并不会被舍弃或忽视，相反，通过"形态构成"与"形态生成"之间的比较，更容易理解两者各自的特点和原理，从而加深对建筑形态整体把握和理解，以更好地服务于建筑设计和创作。

胡伟　中国矿业大学力学与建筑学院教授

贾宁　田海鹏　中国矿业大学力学与建筑学院

参考文献

[1] 胡伟，朱冬冬，田海鹏.建筑造型与形态构成 [M].徐州：中国矿业大学出版社，2012,4.

[2] 田海鹏.从构成到生成——建筑形态的历时性研究 [D].徐州：中国矿业大学，2012,4.

[3] 朱雷.空间操作：现代建筑空间设计及教学研究的基础与反思 [M].南京：东南大学出版社，2010,9.

[4] 任军.当代建筑的科学之维：新科学观下的建筑形态研究 [M].南京：东南大学出版社，2009,7.

[5] 周年国.形态的数字化生成及其特点浅析 [J].艺术与设计，2007,11：106-108.

[6] 俞泳.形态生成与建造体验——基础教学中的材料教学实践与思考 [J].城市建筑，2011,5：18-20.

[7] 杨建，戴志中.规则·模型·建筑学研究方法——构成性与生成性辨析 [J].新建筑，2010, 1：62-66.

A New Perspective Drawing Method Based on Environmental Design

一种基于环境设计的透视学新画法

文 / 崔龙雨　徐　钊　林立平

透视学是一门研究二维空间向三维空间转换，在平面（如画纸、画布、墙壁等）上表达立体关系的并具有空间结构的人物和景象的基础科学。从数学的观点来看，透视学是几何学科的一个独特分支，但是其产生与发展却又与建筑、雕塑、绘画等艺术活动紧密相联。正如著名画家达·芬奇所说："透视学是绘画与设计的缰绳和舵轮。"

透视学是解决如何创造真实空间幻象问题的自然科学，在环境设计中，透视学对于方案设计的创意表现具有重要意义。环境设计方案的概念构思需要运用透视学的原理，仕二维图纸上进行二维立体的空间图示表现，以达到设计方案的沟通和交流，而设计师对于透视的应用，往往是按照后期制作效果图的需要，根据"构图、尺度、比例、结构、透视关系"的基本规律，在二维图纸上表达方案的三维构思。因此，图纸表达的真实性、准确性、完整性和创新性直接决定了设计方案表达的清晰度和直观性，也逐渐成为判断设计方案是否可以实施的理论依据。可见，透视学作为自然科学中的基础学科与环境设计有着千丝万缕的联系，为了更好地完善环境设计方案的图示语言交流，准确直观地表达设计方案的构思创意和设计理念，这种基于环境设计的透视学新画法的应用研究具有较高的现实意义和实践价值。鉴于传统透视学画法中存在众多不利快速绘图的因素，如何改变常规透视画法中存在的问题，如何快速提高透视图的绘图效率，本文深入分析常规透视画法的理论特点，以及新型透视学画法在环境设计中的应用，为提高设计师徒手透视的快速绘图能力提供一些方法上的借鉴。

一、透视学的基本原理及成图特点

透视的产生源于中心投影法的客观规律，最早的透视图是由古希腊（公元 5 世纪）阿嘎塔尔库斯（Agatharcus）根据近大远小的透视规律为梭路斯的古希腊悲剧绘制的舞台布景而来。文艺复兴时期，意大利著名建筑师勃鲁乃列斯基发现了透视原理，西方著名画家丢勒在《圆规直尺测量法》一书中深刻地展开了透视学基本原理的讨论。随后，"位移关系、近大远小、近宽远窄、近高远低"等基本规律被逐步揭示出来并加以研究利用，逐渐地应用到了绘画与设计之中。

透视的三要素是观察者（眼睛）、画面、被观察（物体）。透视图形成的物理条件是人眼视线通过瞳孔投向物象各点，物象各点在视网膜上形成倒影，透过人眼便转换成了人们所看到的透视图像。可见，在透视成图中，人眼的位置（即人站立的位置）与被观察物体（如家具、建筑、空间等）距离所产生的间距大小，必然会影响到成图的大小，如果位置过偏，则会形成透视的变形。这样，利用透视学的基本原理所产生的透视图大小是不确定的，它有着一定的灵活性和不确定

性。对于常规透视画法，假如已知空间的数据，依据透视学原理在二维图纸上推理完善成图，是很难想象真实生活中的三维空间，并且要实现准确把握的程度相差甚大，这也是透视制图失真的主要原因。因此，透视学的基本原理及成图特点都是科学的、客观的，在实践应用中产生了一种惯性固定的绘图模式与制图思维模式，倘若设计师过度地追逐成图的精确性，犹如视错觉模数的固定化，虽然本身是客观的、科学的，却很难满足观察者的视觉心理需求，仍会出现失真的情况，从而产生准确成图下"对亦错、错亦对"的突兀局面，同样制约着环境设计方案图纸的真实表达。

二、传统透视学画法的局限性与不足之处

对于设计项目初期的方案表现，其透视绘图服务于设计构思，需要瞬间快速捕捉设计的灵感。一个好的设计创意的闪现，需要设计师在短时间内完成图示的表达。传统透视学画法的尺规连线求点绘图速度极慢，虽能保证其绘图的精确性，但会影响到设计师的创意思维的捕捉。俗话说"创意是设计的灵魂"，方案设计的创新性和完整性，远比传统透视图的精准性更具实践意义。传统透视的求点连线画法，虽然有着严谨作图套路，不免存在画面表达的"僵硬、匠气、刻板"等不足之处。具体归纳为以下两点：

1. 求点连线成图的随意性。常规透视画法，依据透视学原理，需要理清观察者、画面、透视物体三者之间的成图关系。由透视学基本原理产生的"测量点、矩点、心点、灭点、视点"五点关系较为错综复杂，也是传统求点作图法的推理步骤。在平行透视中，因消失点的聚焦，使得灭点与心点重合，测点与矩点重合，设计师只有把握好站点进行合理位置的选择，才能依据测量点的推理关系求出透视图。而在余角透视中，因存有两个消失点，可以推理出两个测量点，余角透视的求点连线作图方法与平行透视类似。另外，因人站立的位置存在不确定性，造成了测点与心点的远近关系变化较大，这种情况下成图自然存在很大变形的风险性，此为传统透视求点作图的不足之处。

2. 传统透视绘图的局限性。依据透视学的作图原理，尺规求点作图的确有很强的精准性，这是自然科学客观规律本身决定的。然而，小场景的尺规求点作图尚不繁琐，对于大场景的商业空间的图示表达，因场景宏大，陈设物品繁多，常规的测点画图、连线画图等传统作图法，明显存在较大的局限性和非便捷性。如果坚持选择尺规求点、连线画法，必然造成画面表现混乱、图面较脏、绘图耗时及远景表达

不清，并对后期透视效果图的着色增添许多难题。因此，对于设计工作的高效率来讲，传统透视学的尺规求点作图已经不适合当今设计的制图要求，探索一种快速、直观、准确、高效的新型透视绘图方法是亟待解决的现实问题。

三、环境空间常规透视画法的理论分析

1965 年美国系统科学家 L. A. Zaden 教授发表了《模糊集合》一书，文中提到"满足视觉需要的真实体现，需要有一定的模糊关系"。人脑思维自身是模糊思维，所谓透视的准确性性是相对的，视觉需求的真实规律性客观上需要模糊透视关系的存在，然而常规透视画法是依据画法几何及阴影透视原理，其绘制的透视图具有几何学的绝对延续性。视点是可以移动的，推导出的测点也存在很大的随意性，成为机械绘图产生透视极度变形的客观原因。例如：图 1 中透视虽精确，但因人视点的高低产生了沙发的变形；图 2 中透视虽不精确，但符合人视错觉的审美习惯，显然看起来非常舒服。因此，传统透视学画法过于机械的应用，不利于设计师徒手草图的表现，反而对于画面的失真与现实存在的视错觉问题束手无策。

如何寻找一种好的表现手法，需要对常规透视画法展开理论分析：

1. 平行、平角、余角透视的三者关系。 平行透视又称焦点透视、一点透视，只有一个消失点与灭点是重合关系，在空间透视中有四条变线，平行透视所形成的灭点集聚在空间的后墙上，这说明了观察者站立的位置（即人面部）与空间的后墙面是平行关系，平行透视所形成的空间透视图是庄重的、呆板的；当观察者站立的位置（即人面部）与空间的后墙面成一定的夹角关系便形成了平角透视，又称一点斜透视、一点变两点透视，这种透视有两个灭点，其中一个灭点消失于空间的后墙面，另一个灭点消失在左右墙的无穷远处，严格意义上讲"平角透视属于两点透视的一种特殊形式"，平角透视相对于一点透视图比较活泼，能够更好的表现空间场景，又避免了平行透视图的僵硬和呆板；假如观察者所站的位置（即人面部）与空间的后墙面成 90°的夹角关系，即人的面部与空间墙体阴角线成平行关系，便形成了成角透视，又称两点透视、余角透视，两点透视图所展现的空间场景一般较小，但是能够灵活地表现设计方案，它比平行透视、一点斜透视更为活泼，能够很好地展示局部小空间。因此，对于室内空间三种透视关系的形成，源于观察者站立的位置移动，消失点的位移、方向及所形成的夹角都产生了有规律的不同透视关系，从环境设计透视图绘制来讲，对于绘制空间透视图其合适站点位置的把握相当困难，常规透视画法仅只是给出绘图的原理，而没有给出如何把握站点位置的方法。

2. 透视学测点法、矩点法、投线法的优劣分析。 透视学中"测量点与矩点"的画法是在透视空间中依据测点、矩点的位置来确定成图画面的大小及进深关系的。当测点、矩点离空间中心点的距离越远，说明人站立的位置离空间较远，所形成的图面较小，场景中的物体较小，空间的进深比较短；反之，当测点、矩点离空间中心点的距离比较近时，说明人站立的位置离空间较近，所形成的空间图面较大，场景中的物体清晰，空间的进深比较长，后墙面会显得较小。不管是一点还是两点透视，如果测点、矩点离空间中心点过于近的话，必然会造成透视图的变形，因为，测点、矩点与人的站立位置的视点有很大关系。测点是以灭点为圆心，到人的视点为半径，做一个圆与视平线

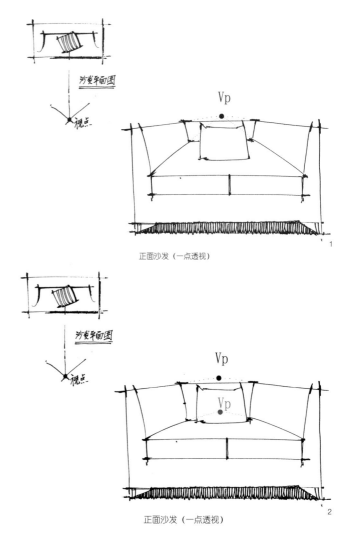

正面沙发（一点透视）

正面沙发（一点透视）

的交点即为测点，测点的形成是由人站立的位置决定的；矩点是以心点为圆心，到人站立的视点为半径，做一个圆与视平线的交点即为矩点。一点透视因为心点与灭点重合，所以矩点与测点重合，因此，一点透视只有一个灭点，自然只有一个测点或矩点；而两点透视有两个灭点，自然存在两个测点和矩点。由于设计师难以把握站点的位置，此画法虽然准确，但容易产生变形的透视图。另外，投线法也是利用灭点消失的原理，需要在画面上确立视平线和地平线，然后通过视点投线连接的方法在真高线上求得，这种方法虽然作图比较精确，但由于图纸大小的限制和场景连线的复杂性，使投线法不能作为快速透视作图的首选，只能作为原理加以应用。

总而言之，传统的常规透视画法虽然科学精确，但作为环境设计方案快速制图有着很大的局限性。一方面视点的合适位置不好把握，容易造成空间图面忽大忽小、密密麻麻的连线混乱及图示不清等问题；另一方面对于透视变形的产生机率也较难控制，且成图的样式僵硬、匠气呆板。从节约绘图时间、灵活绘制方法、徒手快速表现、减少变形机率的角度出发，需要重新探讨透视的新画法，以适应未来方案设计的需要。

四、新型透视绘图方法的应用研究及画法措施

设计师通过图示语言来进行方案的交流和表达设计意图。设计师的工作是一种富有创造性的劳动，需要根据其功能、环境、客户的要求来创造一个富有生命力的空间环境，如果把精力过度的消耗在透视图求

点上,自然会影响到设计师的创意思维。传统透视学画法中思维的定势是严谨的、科学的,它以理性思维来分析空间,排斥感性思维,而作为设计师的思维定式应该强调创意,提倡推陈出新,崇尚个性创造。随着电脑制图的快速发展,透视制图的角色转变为辅助图示作用,例如徒手草图、快速构思图等,需要快速、直观、准确、高效地表达设计思维。因此,透视只是一种图解语言,没有必要花费太多的时间和精力用于透视求点连线上,透视学制图的目的只是帮助设计师表达设计思想,控制画面的方案创意。新型透视学画法是在传统透视学画法的基础上,进行透视快速表达的一种徒手绘图方法,它需要有熟练的透视知识和扎实的绘画功底,徒手绘画表现已成为设计师草图构思与交流的必备技能。

1. 单墙内推法

单墙内推法是以空间中最前方的第一个物体的准确透视为基准,空间其余所有物体都以这个物体的"长、宽、高及透视消失方向"为参考进行比照绘制。画法仍然遵循透视学的基本原理,只是抛弃了传统的"求点、连线"绘制方式,取而代之的是"对比、估算"。此法有益于徒手透视图方案的快速表现,不会去强调尺规作图的精确性,重点是设计师绘图的创意捕捉和构思思路,如图3、图4所示,从图中可知,对于客厅的一点透视图,第一个角几的长、宽、高的确定,基本确定了后面的沙发的尺寸。随后家具的尺寸,都依据近大远小、近宽远窄、近高远低的透视学规律来进行对应绘制。

单墙内推法,首先要考虑绘图的构图关系,其次考虑整个图面的大小比例,以防止"图面构图过偏、整体图面过大过小"而影响图示美观,它需要设计师对图纸和画幅的尺寸做到胸有成竹,实现参照物体与整体空间的和谐性,而确定参照物体尺寸时,则应做到系统考虑。另外,参照物的"进深透视长"也非常关键,因一点透视中,高度与宽度的方向线为不变线,空间水平方向线及垂直方向线各自之间有平行关系,可以墙角线为真高线作为空间所有物体高度的参照。然而,空间及家具的进深消失为变线,生活中人与空间远近是可以随意的,容易造成进深消失线的变化不确定性,设计师如果估算不好,便会造成整体空间深度的过长或过短。因此,单墙内推法虽好,需要设计师有扎实的绘画功底和较好的空间想象力。

2. 撞点定位法

相对单墙内推法而言,撞点定位法解决了进深消失线长短不易把控的难题,此法仍然需要注意构图及客观的尺寸,需要绘制第一个物体作为整体空间绘制的参照物。不同的是,撞点定位法更为方便、精确、快捷,它首先需要绘制尺寸、比例相对准确的二维平面图(图5),然后通过透视学原理,即人站在空间中,人视线观察远处的物体,视线碰撞被观察物体所产生的交点轨迹,作为空间透视进深长度的依据,如图6、图7所示。虽然此画法为徒手表现,因为遵循透视的原理及规律,撞点定位法仍然是准确、高效的一种理想画法,但它不是精确的,毕竟是徒手表达,而非尺规作图。由此可知,撞点定位法的优势是使设计师在草图方案阶段,摆脱了繁琐刻板的透视求点束缚,将精力投入到设计创意的思维上来,用简单的透视学原理,快速、直观、准确、高效的表达自己的设计意图,这是透视学新画法的意义所在,值得设计师深入学习和思考。

五、结语

透视学作为一门自然科学,它是设计师实现方案由构思变成图示

的门径。如果缺少透视绘图,在设计与绘画领域将失去交流的语言,但透视学只是一种表达手段,设计的灵魂还是创意与理念。作为当代环境艺术设计师,需要摆脱固定理论的束缚,用发展的眼光来重新审视常规透视画法的不足,不断的思考和实践新型透视画法,以满足设计师的绘图需要及可持续发展。相信不久的将来,随着科学技术的不断进步,透视学新画法将会朝着更加完善、更为方便的方向发展!

崔龙雨 西南林业大学艺术学院讲师
徐钊 西南林业大学艺术学院副教授
林立平 西南林业大学艺术学院

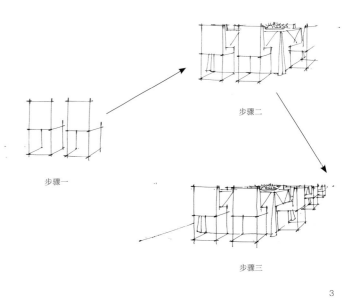

步骤一 步骤二 步骤三

3

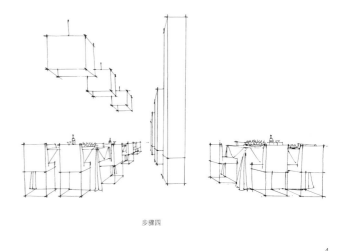

步骤四

4

参考文献
[1] 李成君. 实用透视图技法 [M]. 广州:岭南美术出版社,2001.
[2] 石炯. 构图与透视学——文艺复兴时期的艺术理论 [J]. 新美术,2005 (1).
[3] 王学英,张辉等. 透视学理论易混淆的问题的探讨 [J]. 辽宁工学院学报,2007.
[4] 张丽. 透视学在建筑速写中的空间表现研究 [J]. 山东农业大学学报(自然科学版),2008.
[5] 吴卫,魏春雨. 模糊透视靶心说 [J]. 设计新潮,2009.
插图作者:崔龙雨

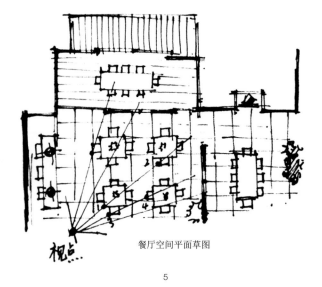

餐厅空间平面草图

5

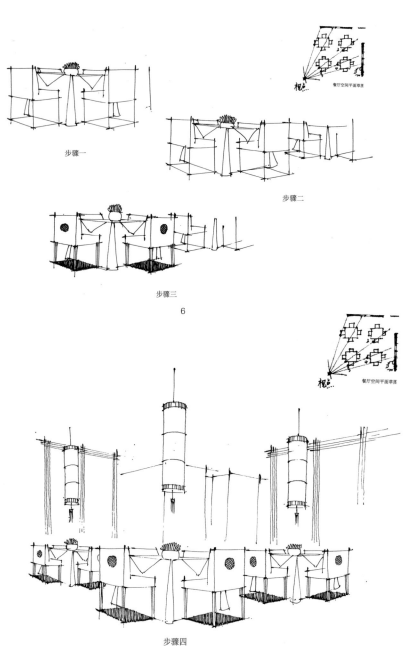

步骤一

步骤二

步骤三

6

步骤四

7

Relationship Between Rules of Formal beauty and Gestalt Psychology

造型的形式美法则与完形心理学的关系

文 / 赵　涛

在对学习建筑设计的同学构成课的讲授中，都会提及造型的形式美这个议题。实际上，无论是平面设计还是三维立体设计或是空间设计，设计的目的除了要在功能上满足人的需求外，还有很重要的一点，就是要在精神上满足人的审美需求。因此，形式美的研究显得尤为重要。在我们的生活中，人们的审美看法各不相同，但是人的社会属性要求人们在物质形态外在的审美情趣趋于共同，这种共同的审美特征就是形式美法则。那么，除了人的社会属性这一因素，我们人内在的、共通的心理需求也是审美的关键所在。

我们现在课本里所提到的形式美法则大致有以下几点：1. 造型的单纯化；2. 秩序性；3. 均衡；4. 对称与统一等。而这些现象都可以用完形心理的几个知觉组织原则来解释。

先来说一下完形心理学，又叫格式塔心理学 (gestalt psychology)，是西方现代心理学的主要学派之一，诞生于德国，后来在美国得到进一步发展。该学派既反对美国构造主义心理学的元素主义，也反对行为主义心理学的刺激——反应公式，主张研究直接经验 (即意识) 和行为，强调经验和行为的整体性，认为整体不等于并且大于部分之和，主张以整体的动力结构观来研究心理现象。该学派的创始人是韦特海默，代表人物还有苛勒和考夫卡。

格式塔是德文 (Gestalt) 译音，其含义是整体、形式和结构等 (其英文词是 configuration)。所以，它主张以整体的观点来描述意识与行为。

格式塔的完形组织法则 (gestalt laws of organization) 是格式塔学派提出的一系列有实验佐证的知觉组织法则，它阐明知觉主体是按什么样的形式把经验材料组织成有意义的整体。在格式塔心理学家看来，真实的自然知觉经验，正是组织的动力整体，感觉元素的拼合体则是人为的堆砌。因为整体不是部分的简单总和或相加，整体不是由部分决定的，而整体的各个部分则是由这个整体的内部结构和性质所决定的，所以完形组织法则意味着人们在知觉时总会按照一定的形式把经验材料组织成有意义的整体。

格式塔心理学家认为，主要有六种完形法则：图形——背景法则、简单原则、接近法则、相似法则、连续法则和闭合法则。这些法则既适用于空间也适用于时间，既适用于知觉也适用于其他心理现象。其中许多法则不仅适用于人类，也适用于动物。在格式塔心理学家看来，完形趋向就是趋向于良好、完善，或完形是组织完形的一条总的法则，

其他法则则是这一总的法则的不同表现形式。

1. 人们识别形态的基本点是把形象从背景中分离出来，如果区分不出来，形象含混不清，认知的过程就不复存在，更谈不上组织好形态。这种认知过程称为完形（格式塔）。

因此在格式塔完形组织法则中首先提到了图形—背景法则。图形与背景的关系原则是指在具有一定配置的场内，有些对象突现出来形成图形，有些对象退居到衬托地位而成为背景。一般说来，图形与背景的区分度越大，图形就越可突出而成为我们的知觉对象。要使图形成为知觉的对象，不仅要具备突出的特点，而且应具有明确的轮廓、明暗度和统一性。需要指出的是，这些特征不是物理刺激物的特性，而是心理场的特性。

2. 在形式美法则中，第一个被提到的就是形态的单纯化。它是指用容易识别的简单形态去表达丰富深刻的信息内容。单纯能够将形态的特质充分发挥，使其他不重要的部分服从于它，以最精简的要素表达最有力的形态效果。单纯的形象具有醒目、易识别、给人的印象深刻、便于长久记忆等特点。

这一单纯化遵从格式塔完形组织法则中的简单原则。简单原则是指尽可能地把图形知觉为好的图形。格式塔心理学家称之为完好形式。一个好的格式塔是对称的、简单的和稳定的，已经不可能再简单、再整齐。人们对一个复杂对象进行知觉时，只要没有特定的要求，就会常常倾向于把对象看作是有组织的简单的规则图形。

视觉感知过程是一个物理—生理—心理的综合过程。感知心理学对这个过程进行了研究，实验表明，人在观察对象时，为了便于识别，视线对形态边缘和转折联接的部位扫描较多，而对大面积区域则一扫而过。在此基础上，进一步调查光刺激视网膜时所引起的电流状态，发现在视网膜上图像的周边被连接并逐渐扩大，形成视诱导场。诱导的强度离图像越近就越强，而在形态转折处诱导线加密。这个研究表明，单纯化是视知觉在接受对象时的基本法则，对于繁复杂乱的形态视知觉会因为感到疲劳而拒绝接受，人们便放弃了认知过程。这就是为什么单纯的形态容易识别，也易于记忆，而复杂的形态不易被认知。

3. 形式美法则中的秩序性是指变化中的统一因素，即部分和整体之间的内在联系，包括节奏与韵律、比例等。其中所涉及的方法有重复、近似、渐变、对称、发射、尺度、等差数列、等比数列、黄金分割比等手法应用。秩序是美的造型的基础，在形式的组织构成上，缺乏秩序就无法形成整体，对设计作品来讲就缺乏意义。

在格式塔完形组织法则中的接近或邻近原则是指某些距离较短或互相接近的部分，容易组成整体。在时间或空间上紧密在一起的部分似乎是相属的，倾向于被知觉在一起。这一原则同样体现在连续性原则，即如果一个图形的某些部分可以被看作是连接在一起的，那么这些部分就相对容易被我们知觉为一个整体。在审美体验中，形态的形状、位置、大小、方向等因素若遵从一定的比例关系排列就会在知觉上形成一定的整体感，如果有一个形态偏离了这个连续的变化规律，就会造成形态力的紧张，整体形态似乎要把这个离群者拉回来。

而相似原则是指刺激物的形状、大小、颜色、强度等物理属性方面比较相似时，这些刺激物就容易被组织起来而构成一个整体。类似的部分倾向于被一起知觉为一组。例如，检查色盲的小册子是由不同形状、色彩的小圆点组成，其中相似的圆点就构成一个组合的形体，被从背景中区分开来。因此，形式美法则中运用的重复、渐变、近似的方法可以使形态具有同一性，彼此增强联系，从而使整体形态单纯化。

4. 最后来说一下完形组织法则中的闭合的原则。是指有些图形是一个没有闭合的残缺的图形，但主体有一种使其闭合的倾向，即主体能自行填补缺口而把其知觉为一个整体，使形态完形。在这里，组成完整形态的单体之间可能具有相似处，也可能各不相同，毫无联系，但是对于整体形态的塑造却是不可或缺的。

在形式美法则中提到了均衡、对比与统一这两个方法。均衡指物质形态在物理量感上的平衡，还包括来自色彩、肌理、心理空间等构成要素对心理量感平衡的影响。使它们在相互调节之下形成一种安定、静止的现象。

而对比与统一作为形式美的总法则几乎体现在所有的造型方法中。

二者都是为了寻求形态的多样性，从而使设计作品更富有个性和活力。然而对一个形态好的认知，最终取决于形态的完整性、单纯性，以及心理上的平衡和安定感。因此，在对比与统一中，所运用的方法就是调和，而不管是类似的调和还是对比的调和，都是为了使形态趋

于更整体和均衡的状态。

完形心理学在社会各个领域都有应用，许多社会心理学理论的建立也都以此为出发点。而形式美法则只是其中很小的一部分体现。希望可以借此让大家从心理分析的角度和自己内心的需求重新审视美的标准，从而设计更富有人性化的美的作品。

以上是我在教学中对造型形式美法则从心理学角度分析的一点认识，其中还存在很多的不足与瑕疵，欢迎指正。

赵涛　内蒙古工业大学建筑学院

参考文献

[1] 叶浩生 . 心理学史（2 版）[M]. 北京 : 高等教育出版社 , 2011:153-158.
[2] 莫天伟 . 建筑形态设计基础（第一版）. 北京 : 中国建筑出版社 , 1981,11.
[3] 李刚 , 杨帆 , 冼宁 . 立体构成（第三版）. 沈阳 : 辽宁美术出版社 , 2007,3.

Interpretation of Chinese Contemporary Mural "Presence" and "Absence" by "Four Bauhaus Literature"

以"包豪斯文献四种"解读我国当代
壁画的"在场"与"缺位"

文 / 王岩松

"艺术与技术的新统一"是包豪斯的核心观点,至今还在影响着世界范围内的设计艺术体系。20 世纪初,德国包豪斯学校的创办与演变,使它的学术观点和教育主张一度成为欧美乃至亚洲设计界效仿的模板。每当中国的设计艺术遇到新的机遇或挑战,就会主动遵循和思考它的主张,例如 20 世纪 30 年代至 80 年代的两次学习热潮。其中,《包豪斯宣言》、《国立魏玛包豪斯纲领》、《国立包豪斯的理论与组织》、《新建筑与包豪斯》四部文献,成为四个时期重要的包豪斯理论,对建筑、绘画、工业设计都有着深远的影响。时至今日,研究这四部文献发现,其理论观点与当代中国壁画的创作思潮存在着诸多的契合点,其教育理念对壁画的教学有重要的指导意义。

中国当代壁画经历了屡次"在场"与"缺位"的变迁过程,这个过程与中国的设计艺术和当代艺术的发展有着莫大的关系。毋庸置疑,当代中国壁画曾经走过一个实践和理论的高峰期,产生了一大批经典的作品和理论研究成果,而当下却恰逢机遇与危机共存的时代。研究发现,当年包豪斯遇到的面对新技术、新材料的挑战,以及由此引来的设计教育上的变革要求与现在中国壁画创作所面临的挑战非常相似。然而壁画尚没有走出"寻墙"的艰难历程,壁画家对壁画与建筑的关系的理解仍处在"自我"的阶段。今天壁画的"缺位"与"失语",是需要壁画家主动去思考当代公众对视觉文化的需求,从创作理念和创作方法上赶上时代的步伐。

2009 年是包豪斯成立 90 周年纪念年,世界范围内在讨论包豪斯的成就,总结包豪斯对世界现代设计、现代设计教育的影响,借此探索现代设计发展的方向。德国的设计也曾有过与中国极为相似的历史。1982 年,王受之先生自南向北发起了对包豪斯的宣传,他极具煽动性和充满激情的演讲及推广活动持续到 1986 年,从而引起了国内教育界对建立设计教育的普遍重视。在当时的国内设计界看来,"包豪斯"与"现代设计"仿佛是一对孪生兄弟,包豪斯也因此成为国内设计界研究学习的对象,阅读的文献包括 1984 年王受之撰写的《世界工业设计史略》与柴常佩译著的《平面设计史》。值得一提的是,在

格罗皮乌斯的推动下,包豪斯壁画教学是在格罗皮乌斯的推动下,包豪斯在 1922 年开始了研究陶瓷的大批量生产,壁画车间开始进行了适应机械工业的实验。

《包豪斯宣言》是包豪斯最早和最重要的文献,格罗皮乌斯在其中所提出的"所有视觉艺术的最终目标是完善的建筑物!装饰建筑物曾经一度是美术的最高贵的功能;它们是伟大的建筑艺术的不可缺少的组成部分。"这恰恰契合壁画的艺术特征和使用功能。壁画从诞生开始,就承载着为人类居住和使用的空间进行装饰和美化的使命,原始社会的岩石壁画就已经与人类生存的环境联系在一起。我国传统壁画中的石刻壁画、石窟壁画历史之久远、数量之多、文化艺术价值之丰富,至今叹为观止。与墓室壁画、寺庙壁画、殿堂壁画共同构成了我国传统壁画丰富的宝藏。这些传统壁画的存在赋予了石窟、寺庙、墓室、殿堂等建筑生命的活力与精神的力量,的确"完善"了这些建筑空间,成为这些建筑中不可缺少的重要组成部分。敦煌艺术研究院研究员侯黎明先生曾撰文评价敦煌壁画的现实意义时断言"仅从隶属边关的敦煌艺术的辉煌就可以想象到古代都城文化非凡的艺术造诣和盛况。"源远流长的中国传统壁画为古代建筑空间留下了灿烂的文化印迹。东汉王逸在《楚辞章句》有云:"楚有先王之庙及公卿祠堂,图画天地、山川、神灵。"诗人屈原仰观壁画,呵而问之,一连提出一百七十二个问题,可见楚国庙堂里壁画内容是何其浩繁,画面何其多姿多彩。西方古代壁画从来没有放弃在建筑空间中的重要使命,宗教壁画的经典铸造了西方古代美术史,建筑与壁画交相辉映,构成了西方文明的重要因素。能与文艺复兴时期意大利西斯廷教堂壁画的恢宏相媲美的当属墨西哥多角集议厅超大型壁画综合艺术。壁画家西盖罗斯以非凡的魄力与智慧创造了新的壁画艺术形式,将室内壁画推向室外,从而造成了整个建筑环境空间形成了艺术一体化的流动视觉效应。壁画与建筑共存亡,墨西哥壁画这种将纪念碑性壁画的风格延续到拉丁美洲许多国家。现代壁画六大特征的首要特征就是升华美饰建筑环境。著名壁画家张世彦先生曾指出:"壁画是造型艺术,是公共

图2 《巴山蜀水》（局部1）

艺术，从属于环境艺术，是指一切附着在建筑物上的大型美术作品。"

尽管文学的"当代"从1949年开始，本文所论及的当代中国壁画，指的是1979年之后的壁画。与我国古代壁画"在场"的职责与艺术担当相比，当代中国壁画有过几次"在场"与"缺位"的曲折经历。每一次的"在场"的成功，都集中了综合的创作因素，诸如：分工合作的壁画家及工艺师，多门类的造型艺术形式，多种材料的使用，不同的建筑空间和环境等。正如格罗皮乌斯在《包豪斯宣言中》提出了对未来的构想："……这结构将把建筑、雕刻和绘画综合成一个整体，而这整体有朝一日会从千百万工人手里升到天堂，就像一个新信仰的结晶一样。"尽管这个构想由于过于宏大而显得虚华，但可以把它视为格罗皮乌斯对于艺术学科之间合作的态度，这种态度是接受而非排斥。包豪斯力争把雕刻、绘画、手工艺这些实用因素重新统一成一个新建筑艺术的不可分割的组成要素。当代中国壁画的开篇巨作——人民英雄纪念碑壁画的创作过程，就完全符合包豪斯的理想，形成了凝聚雕塑、绘画、建筑、文史专家及雕刻工匠的创作模式。1979年，新的壁画环境——北京机场候机楼建筑竣工，画家们积攒了十余年的创作激情在此迸发，挣脱了"文革"时期的对题材的限定和政治化标准，巨大的建筑空间，丰富的表现题材，多种材料的应用，艺术家群体的合作，都无疑再一次创造出壁画"在场"的轰动效应，理论界不失时机地掀起了机场壁画讨论的"运动"高潮。当代中国壁画在这一次运动中拉开了壁画复兴的序幕，也为中国当代美术翻开了新的篇章。

（图1、图2）当代壁画的"在场"持续到20世纪80年代中期，全国近500件大型作品的问世，无疑让壁画成为当代中国艺术舞台的唱红主角。（图3）这一火热的艺术现象，不仅带来了艺术作品的高产出，而且衍生出密集的创作团队、设计机构及大专院校的壁画专业。此后，全国的城市公共建筑兴起，为壁画提供了广阔的施展空间，数以万计的壁画随着时代而诞生了。然而，"在场"的壁画在美化城市的同时，也为壁画的"缺位"埋下了隐患。

20世纪80年代末期，复兴经典现代主义、复兴包豪斯传统的运动初露端倪，这种被评论界定位"新包豪斯主义"或者"新现代主义"的风格运动在20世纪90年代开始出现，不但影响了设计的发展，而

且衍生出新的内容。20世纪80年代中后期到90年代中后期，中国同德国一样，也经历了技术与艺术发展不同步造成的不和谐现象。中国壁画在没有充分的学术准备的前提下，遭遇了"运动化"的创作形式，壁画的创作出现了日趋低迷的状况。现代技术使建筑的建设周期大大缩短，建筑空间的飞速增多使得对壁画的需求变得迫切，壁画创作被动地进入了"批量化"、"复制"、"模仿"、"抄袭"的危险境地，作品的质量明显下降，导致工业化生产壁画的模式让真正的、有社会责任感的壁画家无奈地退出，形成专家"缺位"的时代特征，低劣壁画渐次出现并带来负面的社会影响。与此同时，壁画赖以生存的墙面渐渐被建筑师用非壁画的形式取代，壁画作品进入了"缺位"时代。

这一阶段壁画创作自身的矛盾性与萎靡原因还在于它排斥艺术性，过度地装饰在当时社会的文化语境下显然并不符合大众的诉求。只有对社会大环境下所处位置予以准确的把握，才能为壁画创作与发展的纵横关系提供合理的参考。1983年，侯一民先生在《美术》杂志发表文章《哆议》，对当时壁画创作出现的低俗献媚之风敏感地提出质疑与批判，但这股强劲的歪风迅速淹没了有良知的壁画家们的呼吁，最终的"缺位"在所难免。而包豪斯的成功恰恰在于他们内心深处所共有的以天下为己任的社会责任感，这一理念的及时推广和被广泛认同帮助他们解决了社会转型期的矛盾和需求。

面对壁画创作出现的困境，1988年11月25日～30日，中国美术家协会壁画艺委会在江苏南通展开讨论，李化吉、孙景波等壁画家提出了新的理论主张并撰写"呼吁书"，对当时流行的程式化、套路化的壁画创作方式提出反对，对壁画作品形式单一、创造性、艺术性的缺失提出批判，对高校壁画专业的教学改革提出建议，希望通过人才培养改变现状。这一时期，壁画"缺位"阶段的思考来之不易，格罗皮乌斯在《新建筑与包豪斯》文献中的教育目标也恰恰契合这一时期的壁画家们的理想："包豪斯的目的不是要传播什么风格、体系、教条、公式或时尚，而是要对设计工作施加一种复苏的感染力。我们的教育不是依靠任何事先想出来的造型意匠，而是靠探求生活中不断变化的形式背后那种活跃的生活火花。"其目的是要"为推进其理想的事业，并保持能够使想象力与现实性融合起来的那种社会精神的生

图 3 《丝路情》毛织壁画－侯一民、邓澍，1981 年北京图书馆

命力和活跃性"。以中央美术学院、中央工艺美术学院为首的高校壁画专业的教师们，总结教学中的问题，从理论和技法方面进行了探索和改革。至 2000 年，一大批教材、论著出版发行，对壁画专业的复兴做好了充分的学术准备。壁画系的教师们在造型基础、材料基础、理论基础课程的教学和研究中，以极大的热情和使命感，扎实而又创造性地教学，追求壁画创作的时代性、民族性、思想性。让学生树立远大的事业理想，加强社会实践、生活体验考察、特殊工艺实践，让艺术不在概念和教条中产生，而是来自于生活和对生活的体验感受。这种教学理念的转变对全国壁画的教学研究和创作实践产生了深远的影响。与中国壁画教学非常相似的是，包豪斯的基本课程中也包含了诸如：造型、空间、运动和透视的研究，自然的分析与研究，结构练习，错觉练习，构成及绘画，不同材料的质感练习等课程。然而，在《国立魏玛包豪斯的理论与组织》文献中，格罗皮乌斯似乎对艺术家由学院教育产生持怀疑态度，他认为"单靠教学永远不能产生艺术！不论是精巧的习作还是艺术成品都离不开制作者个人的才能，这是教不了也学不到的"，但他承认"创作中必须具备的深入的知识和熟练的手艺基础，则是能够教会的"，如此看来，包豪斯所指"手艺"，正是艺术的技法，它需要来自学院，但创作优秀的艺术作品需要在学院之外，要到生活中去实践，这与壁画创作的公共性与社会性不矛盾。

在经历了 20 世纪末壁画"缺位"的阵痛之后，中国壁画又迎来了新一轮的打击。2000 年，大批经典壁画在未告知作者的情况下被强行拆毁，全国美展壁画被压缩数量并入设计类。"中国当代壁画座谈会"针对这一严峻的形势而召开，发起了壁画"救亡运动"。中国壁画未来的命运再次引发壁画家们的担忧。"解决的办法在于改变个人对待工作的态度，而不在于改变他的外部环境。采用这个新原则对于新的创作工作有决定性的重要意义。"格罗比乌斯像个先知，能够预见到艺术发展的规律并适时地找到对应的方法。适应社会发展的变化，追问壁画自身的问题，别无他路可走。在经过 2001 年、2002年、2004 年、2007 年一系列的闭门自省式的学术研讨，中国壁画界终于梳理出应对挑战的新思路。"改变自己，适应社会，壁画与建筑环境相融合"成为 21 世纪中国当代壁画走出困境的转变。中国壁画

界抓住了 2008 年奥运会场馆、北京、上海、南京、杭州等城市地铁站等建设壁画的契机，以及各地纪念馆委托设计壁画的难得机遇，创作出一大批新时代的作品。2009 年的第十一届全国美展、壁画大展，迎来了当代壁画的集体"在场"，意味着当代中国壁画终于争得了本应属于自己的荣誉，回归大众视野。2011 年，痛定思痛的壁画界意识到理论上的梳理和教学上的把握比"寻墙"更紧迫，庐山壁画教学研讨会的召开让壁画的"在场"获得了持续的理论支撑。2013 年大同壁画双年展以当代国际视野，对中国传统与当代壁画进行了全面梳理并主动与国际接轨，从理论上与当代的中国雕塑界、建筑界进行跨界沟通与学术交流，为壁画的当代"在场"再一次夯实了基础。（图 4）

尽管包豪斯的理论不能体现民族主义特征，也没有直接影响我国的壁画，但它的设计与教育理念却与壁画的自觉追求相吻合，它对现代设计运动的巨大贡献间接地影响、指导着当代中国壁画的发展和未来的走向，因此，对包豪斯"没有国界的设计语言和设计思想"的研究具有深刻的现实意义。

王岩松　烟台大学建筑学院副教授

参考文献
[1] 王受之 . 世界现代设计史 [M]. 北京：新世纪出版社，1995.
[2] 陈志华 . 现代西方艺术美学文选 . 建筑美学卷 [M]. 北京：春风文艺出版社，
    辽宁教育出版社，1989.
[3] 张似赞译 .The New Architecture and the Bauhaus [M]. 北京：中国建筑工业出
    版社，1979.
[4] 奚传绩 . 设计艺术经典论著选读 [M]. 南京：东南大学出版社，2002,9.
[5] 全国高等院校壁画创作与教学研讨会论文集 [C]，2011,10.
[6] 章莉莉 . 袁运甫 [M]，上海书画出版社，2008,12.
[7] 楚启恩 . 中国壁画史 [M]. 北京：北京工艺美术出版社，2012,9.
[8] 李辰 . 西方古代壁画史 [M]. 北京：北京大学出版社，2007,10.
[9] 唐小禾 . 大同国际壁画双年展 [M]. 南昌：江西美术出版社，2013,9.
[10] 桂宇晖 . 包豪斯与中国设计艺术的关系研究 [M]. 武汉：华中师范大学出版社，
     2009, 6.

图 4《民族工业的先驱张弼士与张裕》－王岩松，420cm×210cm，2013 年创作

Study on Kangwei Decoration Art of Traditional Folk Houses in Pingyao County

平遥古城传统民居炕围画装饰艺术研究

文 / 刘晓蓉　郑庆和

【摘要】

炕围画既是平遥古城地方文化的载体，也是古城传统民居室内装饰的重要表现形式，其反映出当地民众的生活习惯和精神追求。本文在实地考察的基础上，通过对当地民居炕围画的起源、内容、结构、表现方式的整理分析，进一步阐述古城传统民居炕围画在室内空间的装饰特征及其艺术性，从而能够更深入感受炕围画的装饰艺术，也为现代室内设计中墙绘艺术提供一定的借鉴。

【关键词】

平遥古城、炕围画、装饰特点、民俗文化

炕围画是平遥古城传统民居中广为流行的一种民间艺术，带有浓郁的地方气息，它的起源和发展与古城境内的生活方式息息相关，是当地民众精神追求与物质观念的产物，同时也以其考究、明豁、精细的艺术特色成为古城传统民居室内装饰的重要表现形式，因此城内不论是普通人家还是富商大户，都会请画匠进行绘制。得天独厚的自然条件使平遥古城的炕围画艺术丰富多彩，既刻画出平遥民间习俗的历史印记，也深刻地体现了平遥古城传统文化的沉淀。

一、平遥古城传统民居炕围画的产生

炕围画也叫墙围画，平遥人称"炕围子"，这种装饰绘画在平遥古城传统民居中广为流行。炕围画产生的首要原因是其具有实用功能，平遥古城气候干燥寒冷，家家户户都设有土炕，但由于黄土蓄水性差，易干燥落灰，而且人们在炕上活动频繁，因此很容易弄脏衣物被褥，这就需要对炕的周围进行特殊处理，所以人们用白土调以胶水在炕的周围进行涂抹。随着社会发展，人们的审美意识逐渐提高，而且清朝时期人们的室内装饰意识较强，单一的炕围已不能满足审美需求，因此便在炕围上绘制各种图案进行装饰和美化室内环境，最终形成我们如今所看到的精美的炕围画。

二、平遥古城传统民居炕围画的结构

平遥古城传统民居炕围画一般在槛墙以上围绕墙壁四周呈环状布置或者仅在槛墙上呈带状布置，高约两尺左右。炕围画主要由上下两组边道及边道间的空子组成。"空子"是平遥民居炕围画的主体部分，施金青画，

与平遥传统建筑彩绘檩栏画法相似，高度约为一尺。构图方面一般有三段式、五段式和海墁式三种。三段式和五段式构图由截头和空子组成，截头为汉纹锦，空子心题材丰富，多为人物画、花鸟画和博古图案等，寄托人们追求幸福生活的愿望，同时也具有一定的教化功能。边道中上边道按照竹节、金青画、腰线、竹节的顺序构成，腰线装饰纹样种类繁多，均是由具有吉祥意义的图案反复连续而成，如万字边、回纹、工字边等，金青画则与空子的构图方式相同，也由截头和空子组成，而下边道则仅刷黑漆或绿漆，没有装饰纹样（图1、图2）。

三、平遥古城传统民居炕围画的内容

平遥古城传统民居室内炕围画的内容由空子和边道纹饰构成。空子题材丰富，主要有人物故事、花鸟鱼草、蔬菜水果、博古图案等，边道纹饰既有如"回字"、"工字"这样的几何纹样，也有动植物纹样等。

1. 人物故事：平遥炕围画空子中的人物故事题材广泛，大多来源于历史典故、神话传说以及戏曲故事，是集装饰与教化功能为一体的题材。常见的有："二十四孝图"、"孟母三迁"、"孔融让梨"、"竹林七贤"、"赵氏孤儿"、"岳传故事"、"三国演义"、"八仙过海"、"麻姑献寿"、"婴戏图"等（图3、图4）。

2. 花鸟鱼草：花鸟在民间传统艺术中象征性极强，文人雅士们常用它来褒贬实物，但在平遥古城传统民居中，为了迎合普通大众的世俗心理，花鸟画皆以吉祥喜庆为主。常见的有："二八争高"、"九菊佳言"、"佳家逢菊"、"绶带九菊"、"鲤鱼跳龙门"、"黄莺戏柳"、"燕柳丝桃"、"孔雀戏牡丹"、"松鹤延年"、

"猫蝶富贵"、"连生贵子"、"喜上眉梢"、"锦上添花"、"连年有余"、"福寿双全"等（图5、图6）。

3. 蔬菜水果：蔬菜水果是最贴近平遥百姓日常生活的，因此也被赋予一定寓意表现在炕围画中。常见的有：南瓜、冬瓜、苹果、葡萄、梨等以及佛手、寿桃、石榴、葫芦等具有吉祥意寓的果品，且这些果蔬常与动物搭配绘制（图7）。

4. 博古图案：博古图案常用于古城书香门第或官宦人家的宅第装饰。图案多以博古器物如古瓶、玉器、香炉、书画和一些吉祥物配上盆景等各种器物组成。古色古香，文化气息浓厚。此外还有四艺图，由古琴、围棋、线装书和立轴画组成，象征知识渊博和具有高度的文化修养（图8）。

5. 边道纹饰：边道图案是炕围画必不可少的部分，它的主要作用在于装饰，与空子一样，也有自己的象征性和固定的格式。平遥炕围画的边道比较特别，整个边道由竹节、金青画、腰线、竹节组成，腰线的装饰纹样有："回字边"、"富贵不断头"、"工字边"、"万字边"、夔龙纹等；金青画中常见的象征性的图案有："五蝠捧寿"、"松竹梅兰"、"二龙戏球"、"狮子滚绣球"、"欢鱼"、"急兔"、博古等（图9）。

四、平遥古城传统民居炕围画的表现方式

通过对平遥古城传统民居室内炕围画的实地考察，可以得出平遥炕围画主要有两种表现方式，即有装饰图案炕围和无装饰图案炕围。其中有装饰图案的炕围又可根据用色方式分为彩色炕围和素色炕围，彩色炕围在用色方面类似于金青画中的小金青，蓝色减少，暖色增加，如黄色、红

图1 摄于书院街雷履泰故居

图2 摄于书院街雷履泰故居

图3 三国演义 摄于北大街113号

图4 婴戏图
图5 摄于中壁景堡17号院
图6 喜上眉梢
图7 果蔬图案
图8 博古图 摄于中壁景堡17号院
图9 夔龙纹 摄于西郭家巷41号院
图10 摄于书院街雷履泰故居

彩色炕围画：

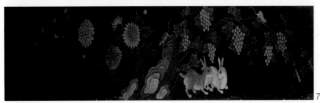

色、绿色等，因此尽管底色为大面积的绿色或黑色，但是依旧给人鲜艳明快的视觉感受，还丰富了整个室内环境色彩。除了满足装饰要求外，炕围画色彩所呈现出的吉祥寓意也很重视。平遥人向来较为讲究，尤其是富商大户人家，他们期望炕围画在装饰室内空间的同时，还能透过炕围画的颜色来表达他们求生、趋利、避害等观念。比如平遥炕围画底色多为绿色，寓意万年长青，红色寓意四季红火，蓝色寓意沉稳博大，金色寓意富贵典雅等，通过这些色彩的选择运用，可以看出当时平遥民众的民俗心理。如古城雷履泰故居，整个炕围构图饱满，用色艳丽。素色炕围有的以单色勾勒轮廓线，空子

图案不上色，这类炕围的底色多刷黑漆或绿色，如古城内中壁景堡17号院中的炕围画就属于素色画法，黑底金色勾边；有的则底色刷绿漆或白色，空子图案多用黑色，如古民居博物馆中的炕围画就是绿底黑图，这类炕围与剪影效果类似，应该与当地皮影戏有关（图10～图12）。

无装饰图案的炕围根据颜色大致分为红底黑边、红底绿边、绿底黑边和橙底黑边四种，这类炕围仅施以油饰，造型单一，多出现在普通人家。在平遥古城传统民居中，穷苦人家的炕围则连最基本的边道都没有，仅刷黑漆（图13、图14）。

素色炕围画：

11

12

13

14

认为最初的炕围过于单调乏味，因此便在上面绘制各种图案来丰富它。最终产生内容丰富、色彩明快的炕围画，使人们实用需求得到满足的同时，在视觉也享有美的感受。炕围画因此也有了装饰性，与实用功能完美地结合在一起。

3. 对室内空间的决定性

首先，炕围画丰富了室内空间。平遥古城传统民居中的炕围画多以饱满的构图方式表现，且它的布置并不仅仅在土炕周边，而是围绕整个室内空间，这在吸引人们注意力的同时也丰富了室内空间色彩，让人们感觉不再空旷单一。其次，炕围画对室内空间具有引导性。平遥古城传统民居中正房的过道间和里间之间的墙壁上均绘有墙围画，而且墙围画在转角处会随墙转折，这就使人们的视线随之移动，让人感觉到两个空间相互延伸。最后，炕围画对室内空间构图的协调性。在平遥古城传统民居中，家具陈设的布置首先以使用功能为主，有时不能满足室内空间构图美的需求。而且古城传统民居中的晋作家具皆是比较厚重的造型，这会给室内空间构图造成不均衡，而炕围画的形式、色彩则可以很好的协调这种不均衡。而且古城传统民居的室内空间较高，在视线范围内绘制墙围画能够产生令人亲近的尺度，也使得整个空间更有人情味。

六、结语

本文从平遥古城传统民居室内炕围画的产生背景入手，通过对炕围画内容、结构、表现方式的研究，总结出平遥古城传统民居中炕围画的艺术性。炕围画对于平遥古城传统民居的室内装饰来讲，它的产生首先是出于人们的需求，在逐渐的发展过程中成为营造室内空间环境的重要装饰艺术，因此，平遥古城炕围画不论是形式构成还是色彩表现，都是以实用功能出发，在此基础上发展成为占据室内装饰主体地位的艺术表现形式。

刘晓蓉　内蒙古工业大学建筑学院硕士研究生
郑庆和　内蒙古工业大学建筑学院教授

五、平遥古城传统民居炕围画的艺术性

1. 题材的多样化形成了丰富的民俗文化内涵

炕围画作为平遥古城地方艺术的典型代表，它的形成与当地民俗风情有极大地关系，可以说炕围画是平遥民俗的一种缩影。比如炕围中的人物画，这都是当地广为流传的故事传说，既具有教化意义，又能使人们茶余饭后津津乐道；炕围画中的博古图案则表达了对后辈寄予期望，希望他们有较高的文化修养；花鸟植物图案则是古城百姓民俗信仰的体现，比如对大自然的崇拜，这其中包含对福、禄、寿三星的信仰，因此以鹿代表禄，蝠代表福，以此来象征子孙众多、家运绵长；还有俗神信仰，比如麻姑、送子娘娘、金童玉女等，因此在平遥炕围画中常见有婴戏图、麻姑献寿等，但不管是哪种题材，都反映出当地百姓对美好生活的向往。

2. 实用性与装饰性的完美结合

炕围画最初的产生是由于其可以有效的防止墙皮脱落，具有很强的实用性，是满足人们需求的产物。起初，人们仅将白土调以胶水在炕的周围进行涂抹，但是随着社会发展，人们的室内装饰意识增强，

图 11 摄于西大街古民居博物馆
图 12 摄于中壁景堡 17 号院
图 13 摄于古城沙巷 56 号院
图 14 摄于古城王李巷 29 号院

参考文献
[1] 朱广宇 . 中国传统建筑室内装饰艺术 [M]. 北京：机械工业出版社 ,2010.
[2] 高宇宏 . 山西炕围画的艺术特征 [J]. 绵阳师范学院学报，2010.04.
[3] 张昕 . 山西风土建筑彩画研究 [J].2007.01.
[4] 阎亮珍 . 民俗学视野下的炕围画研究 [J].2012.06.
[5] 平遥县地方志编纂委员会 . 平遥县志 [M]. 北京：中华书局，1999.

Study on Chiwen Art of the Temple of Bhagado Reservior in Huayan Temple in Datong

大同华严寺薄伽教藏殿鸱吻艺术研究

文 / 王晓婕　郑庆和

【摘要】

本文从鸱吻形象的演变入手,梳理了其造型由"尾"到"吻"的历史演变过程,详尽探讨了薄伽教藏殿正脊和天宫壁藏的鸱吻艺术,从而得出该殿鸱吻艺术背后所包含的辽金文化内涵和民族精神。

【关键词】

鸱吻、薄伽教藏殿、鸱尾、辽金

前言

鸱吻,又叫鸱尾、蚩尾、鸱吻、螭吻、龙吻,是我国古代传统建筑屋顶正脊两端的一种装饰构件。传说,龙生九子,鸱吻是龙的第九个儿子,常常居高望远,嗜好吞火。鸱吻不仅有装饰建筑屋顶的作用,还有防止屋脊节点渗水保护屋脊的实际功能,更重要的是它还寄托了人们避火消灾、吉祥如意的美好愿望,凝结了深厚的中国传统文化内涵。两千年来,鸱吻的造型由简单到复杂,由抽象到具体,最后演变成封建建筑等级的象征符号。

一、鸱吻形象的演变

据考证,早在鸱尾产生之前便有将屋顶正脊两端起翘的处理方法,而鸱尾最先产生于东汉晚期的中原地区。由于鸱尾极可能仅作为一种宫式做法存在,故东汉晚期鸱尾的使用尚未普及。经历朝历代的更迭,脊端的装饰由简单的起翘到复杂的龙吻,造型不断变换。名称也从最初的"鸱尾(蚩尾)"及至唐代呼为"鸱吻"。由尾转变成首经历了一个漫长的历程,它不仅仅是形式上的变换,也是我国古代建筑文化动态的体现。

1. 秦汉时期

从已出土的汉代建筑明器和画像石中可知,北方中原地区西汉中晚期的建筑明器屋顶正脊尚为平直,东汉早期出现了用瓦当封堵正脊两端的手法,且正脊两端向外向上翘起,东汉晚期屋脊两端起翘幅度越来越大直至出现鸱尾。如河南灵宝张湾M3出土厕圈(图1)、河北阜城桑庄东汉墓出土陶楼(图2)和河南博物馆珍藏的三层红釉陶楼院(图3)等。

2. 魏晋南北朝时期

晋时,殿宇上正脊两端的装饰多为鱼尾形象,并正式命名为"鸱尾"。如北魏郦道元《水经注》中所记载:"今林邑东城南五里,有温公二垒是也……开东向殿,飞檐鸱尾,青琐丹墀,棕题椽橑,多诸古法……"到了北魏时期,鸱尾的尾部特征已十分明确。如山西大同石家寨北魏司马金龙墓中出土的屏风漆画《列女古贤图》(图4),其中所描绘的建筑物屋顶上的一对鸱吻,造型与鱼尾极为相似,并有简单的线条装饰。

南北朝时,佛教盛行,凿崖造寺蔚然成风,鸱尾在石窟雕刻上随处可见。如北

图 1 河南灵宝张湾 M3 出土厕圈
(资料来源:《文物》)

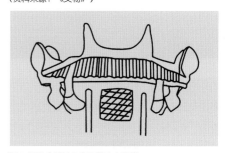

图 2 河北阜城桑庄东汉墓出土陶楼
(资料来源:《河南出土汉代建筑明器》)

图 3 河南博物馆珍藏的三层红釉陶楼院
(资料来源:《文物》)

魏皇家开凿的大同云冈石窟第九窟内雕刻的鸱尾(图5),龙门石窟莲花洞的鸱尾(图6),虬尾指向天空,背后无羽翼或鳞鳍的简洁反卷式鸱尾。到西魏时,鸱尾的尾部出现了鳍条装饰,如天水麦积山第四十三窟鸱尾和第一百二十七窟内壁画中的鸱尾(图7)。

图 4 《列女古贤图》（资料来源：百度）

图 5 云冈石窟第九窟内鸱尾（资料来源：作者自摄）

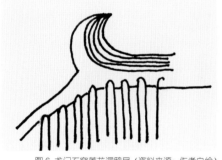
图 6 龙门石窟莲花洞鸱尾（资料来源：作者自绘）

图 7 天水麦积山第 43、127 窟内鸱尾（资料来源：作者自绘）

图 8 唐太宗昭陵的献殿鸱尾
（资料来源：百度）

3. 隋唐时期

隋至初唐，鸱尾的形制逐渐固定下来，鸱尾的尾部已有清晰的鱼鳍纹样，且鳍条增多，更具装饰效果。如陕西昭醴泉唐太宗昭陵的献殿出土的鸱尾（图 8），灰陶质地，虬尾向前卷曲，尾部外缘有清晰的鳍状处理。中唐时期，鸱尾下部出现张口的兽头，尾部进一步向鱼尾过渡，脊饰更加纤巧柔美。如四川乐山凌云寺摩崖石刻出土的鸱尾（图 9），所雕刻的殿宇脊饰外形轮廓与鸱尾一致，但尾下出现了张嘴吞脊的兽头，整个脊饰不再像"尾"而更像是首。直至晚唐时期，鸱吻突出了吻的形状，张口吞脊，而且张合很有力度。至此，人们开始将鸱尾改称为鸱吻。如《旧唐书》所记载的"六月戊午，大风，拔木发屋，毁端阳门鸱吻，都城门等及寺观鸱吻落者殆半"佐证了这一变化。关于这一变化的原因，可能是借鉴了摩羯的形象。

4. 宋辽金元时期

公元 10 世纪末至 13 世纪末的三百年间，中国处于一个多民族政权对峙的特殊历史时期，建筑脊饰的种类和艺术形态都非常丰富。宋代的脊饰比例瘦高，正脊脊饰多数为鸱吻，且塑造重点转移到兽头之上，尾部变小。而辽位于宋的北面，文化交流频繁，所以建筑文化艺术形态上十分

相似。这一时期，龙生九子的传说广为流传。螭吻是龙的第九子，龙头鱼身属水性，有镇邪避火的寓意。所以，此时的鸱吻头部越来越像龙头，尾部有鱼鳍，身上布满鱼鳞。如山西榆次永寿寺雨花宫宋代之鸱吻（图 10）和山西大同华严寺薄伽教藏殿壁藏上的辽代鸱吻（图 11）。金元时期，鸱吻的尾部不再向脊中央卷曲，而是渐渐出现向上向外翻卷的趋势，且鸱吻逐渐由鱼尾变为龙尾。如河北曲阳北岳庙德宁殿鸱吻（图 12）、山西芮城县永乐宫重阳殿之鸱吻（图 13），皆为元代鸱吻。

5. 明清时期

明清时期龙形的鸱吻已很普遍，且鸱吻的背上插了一把宝剑，此时的鸱吻被称为龙吻。明代的吻尾向上向后翻卷，有前后爪，吻身上装饰有小龙，全身鳞纹，颇为富丽。清代的鸱吻与明代相似，只是更加华丽，且清代官式正吻已逐渐程式化，多用琉璃制成，端放在屋脊两端，严谨富丽。典型的例子如现存最大的鸱吻——北京故宫太和殿上的鸱吻（图 14），由 13 块琉璃件拼装而成，尾部向后卷曲，吻身饰有小龙，张口吞脊，稳重厚实，彰显皇家威严。而相比官式鸱吻，民间鸱吻可谓是琳琅满目，鱼型鸱吻、龙鱼混合型鸱吻多种多样，各

显地方民族特色。

二、华严寺薄伽教藏殿之鸱吻

1. 华严寺薄伽教藏殿

大同华严寺，始建于辽重熙七年（公元 1038 年），寺内现存辽重熙七年所建薄伽教藏和金天眷三年所建大雄宝殿，其余为明清及 2008 年重修时所建。

薄伽教藏殿，薄伽为梵语薄伽梵之略，译作"世尊"，是佛的十大名号之一。教藏指佛教的经典，薄伽教藏殿即为贮存经书的处所。当年从辽圣宗开始，经兴宗和道宗两皇帝对佛教的极力推崇，兴建寺院，刊刻佛经，完成了著名的辽代《大藏经》的雕刻。薄伽教藏殿即为贮存这部《大藏经》（又称《契丹藏》）之处所，经藏浩繁达五百七十九帙，规模相当于一个大型的国家级图书馆。薄伽教藏殿坐西朝东，建于长方形高大砖砌台基之上，整体平面呈"凸"字形，是辽、金寺院最常见的布局方式。整个建筑面阔五间，进深八架椽，当心间面阔最大，次间和梢间逐渐减小。殿内采用减柱造的构造手法，增大了建筑内部使用空间。屋顶为单层九脊歇山顶，等级仅次于中国古代屋顶等级最高的庑殿顶。殿内四周依壁环绕排列着重楼式壁藏

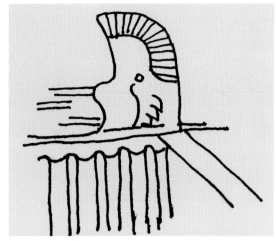

图9 四川乐山凌云寺摩崖石刻出土的鸱尾（资料来源：作者自绘）

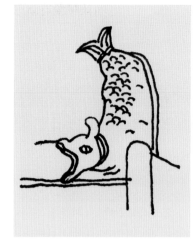

图10 永寿寺雨花宫鸱吻（资料来源：作者自绘）

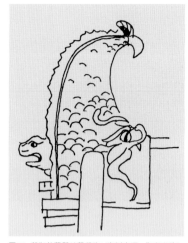

图11 薄伽教藏殿壁藏鸱吻（资料来源：作者自绘）

图12 河北曲阳北岳庙德宁殿鸱吻（资料来源：百度）

图13 山西芮城县永乐宫重阳殿之鸱吻（资料来源：百度）

图14 北京故宫太和殿上的鸱吻（资料来源：百度）

图15 薄伽教藏殿上的鸱吻（资料来源：百度）

图16 大雄宝殿上的鸱吻（资料来源：作者自摄）

38间，分为上下两层，是贮藏经书的经橱。经橱之上设有腰檐，上层是供奉佛像的佛龛，外围有单层勾栏，勾栏栏板为剔透雕刻，雕刻图案丰富多样共计37种。佛龛上覆屋顶、瓦当、鸱吻和脊兽，堪称小木作之经典。壁藏间还搭建有一座圆弧形拱桥，桥上建有天宫楼阁五间，将佛龛与经橱完美结合在一起，真实地反映了11世纪辽代建筑的最高水平。殿内佛坛平面布局沿呈倒"凹"字形，与唐代布局方式相似。佛坛上保存有29尊辽代彩塑，三尊主佛端坐于莲花台之上，代表了佛的三世过去、现在与未来。其中，合掌露齿胁侍菩萨最为著名，被誉为东方维纳斯。

2. 薄伽教藏殿之鸱吻艺术

薄伽教藏殿始建于辽重熙七年，几经风雨战火而不倒，是华严寺最古之建筑，被誉为"辽代艺术博物馆"。1933年9月，梁思成、林徽因、刘敦桢等人前往大同对华严寺、善化寺进行古建调查测绘，第一次对华严寺薄伽教藏殿及壁藏进行了详细的数据测量和图文记载。

薄伽教藏殿为单檐九脊歇山顶，正脊两端饰有黄绿釉琉璃鸱吻各一尊（图15）。鸱吻高为3.5米，宽为2.1米。首部为龙头造型，龙角向前延伸弯曲，龙须迎风飘扬，颇为威风。龙眼球硕大，眼珠突出，怒视前方。龙口大张，露出獠牙，做吐舌吞脊状，仪态威严，神情狰狞。龙首后有一副前爪，屈膝张爪似腾云驾雾之势。鸱吻内缘线条较直，外缘线则接近矩形，背后有绿釉饰面的锯齿形鱼鳍，尾部向前伸展，不像鱼尾，已开始改变五代、辽至宋初鱼尾的形式向小龙尾的趋势发展。吻身布满金黄色施釉鳞纹，雕刻细腻，栩栩如生。鸱吻后，还装饰一尊背兽，三色施釉，红泥做胎。该鸱吻与上寺主殿大雄宝殿屋脊上的鸱吻基本一致。大雄宝殿北端较陈旧鸱吻为金代遗物（图16），南端较新鸱吻为后世仿修作品。该鸱吻高4.5米，上宽2.6米，中宽2米，下宽2.8米，厚0.68米。张口吞脊，头尾皆较为修长，尾部末端有小龙形象，龙头部伸出身体外，眼球硕大，面目狰狞，与薄伽教藏殿正脊鸱吻十分相似。由此可见，薄伽教藏殿正脊鸱吻与上寺大雄宝殿之鸱吻属同一时期，皆为金天眷大定年间，重修此寺院时所置。

薄伽教藏殿为华严寺藏经之处所，殿内环绕四壁所建的天宫壁藏被梁思成誉为"海内之孤品"，是殿内最重要的建筑。壁藏中起翘的屋角、悬鱼、脊兽和鸱吻，都与大型建筑无二，忠实地反映了辽代建筑的风貌，特别是鸱吻作鱼尾状饰鱼鳞纹与薄伽教藏殿、大雄宝殿之鸱吻共同佐证了唐宋鸱吻之变迁。

壁藏天宫楼阁的屋顶为九脊顶，正脊两端置有辽代鸱吻（图11）。鸱吻内外缘线不同于原建筑薄伽教藏殿正脊鸱吻僵直，而是采用圆弧曲线，柔和优美，外缘有波状鱼鳍，也不同于原建筑鸱吻的锯齿形鳍线。鸱吻尾部为分叉鱼尾，与鸱吻首部同一方向向前延伸。鸱吻首部为龙头形象，较原建筑正脊鸱吻龙头壁藏鸱吻较简洁，张口吞脊的大嘴内无獠牙和吐出的舌头，额下也没有珠状装饰物，龙首后没有前后足，但鸱吻眼珠同样突出，眼球硕大，怒视前方。壁藏鸱吻遍布鳞纹，较原建筑正脊鸱吻，壁藏鸱吻鳞片比例更大，且鳞片上没有线条修饰，更接近鱼鳞纹，而非龙鳞纹。鸱吻背后还有一尊背兽，只有兽头而无兽身。此辽代鸱吻形制特殊，与其他辽代建筑之鸱吻不尽相同。

3.薄伽教藏殿鸱吻艺术的文化内涵

公元916年，契丹建立辽王朝，统治了山西、河北北部等地区，大量吸取中原汉文化，其建筑艺术文化既有对唐文化的传承，又借鉴了北宋的文化艺术。同时，处于同一时期的辽和北宋对唐风的借鉴和传承又有所不同。契丹为北方游牧民族，习惯依附于唐王朝发展，文化方面更多融合了唐末北疆文化，且建筑工匠大多为汉族，所以辽代早期更多保存了唐代建筑风格和装饰手法。故在薄伽教藏殿中，无论是壮硕宏大的斗栱，还是出檐深远的屋檐，抑或是天宫壁藏上翘的屋角、脊兽、鸱吻，无不体现唐代雄伟豪放、庄重简朴的特点。正如天宫壁藏屋脊上的辽代鸱吻，整尊鸱吻简洁朴实，吻首虽已有龙头形象，但装饰较金代吻首简单，无过多复杂装饰。鸱吻内外缘用刚劲有力的曲线，整个外轮廓较金代僵直的矩形更接近唐代鸱尾的弧形轮廓。吻身上布满的鳞片简洁无线条雕刻，也体现了唐代简朴的特点。

辽灭亡之后，金一定程度上吸收宋、辽文化，建城造寺征用了大量的汉族工匠，因此，金代建筑既沿袭了辽代传统，又吸收了宋代文化。由于吸收了宋代建筑文化，金代屋顶脊饰和宋代汉地极为相似，正脊鸱吻比例瘦高，雕刻细腻。又因为金代统治者追求奢华，建筑装饰与色彩比辽、宋更为富丽堂皇。所以，薄伽教藏殿和大雄宝殿正脊上的金代琉璃鸱吻，比例瘦高，内外缘线较壁藏鸱吻较为方直。兽头装饰较壁藏鸱吻更加繁琐，吻身上的鳞纹、吻背上的鳍线雕刻更加细腻。鸱吻面部表情丰富，仪态威严，琉璃吻身遍布黄绿釉色，生动写意。

三、结语

鸱吻，不仅是我国古代建筑屋脊上的一个装饰构件，更是我国建筑文化的一个缩影，从它的发展变化中可以窥探出我国建筑文化的一个动态过程，从而探究其背后蕴含的历史文化内涵。华严寺薄伽教藏殿为典型辽金佛教建筑，屋顶正脊两端金代鸱吻和天宫壁藏上的辽代鸱吻共同佐证了唐宋鸱吻之变迁，通过分析鸱吻的变化和特点，可以帮助我们鉴定古建的年代，进一步了解鸱吻艺术所蕴含的文化内涵和民族精神。

王晓婕　内蒙古工业大学建筑学院硕士研究生
郑庆和　内蒙古工业大学建筑学院教授

参考文献
[1] 徐慧.中国古建筑脊饰特征探析[J].建筑文化，2011，(5)：52-56.
[2] 潘谷西.中国建筑史[M].北京：东南大学出版社，2003.
[3] 赵青.鸱尾小考[J].长物志，2007,7(171)：97.
[4] 高阳.中国传统建筑装饰[M].天津：百花文艺出版社，2009.13-54.
[5] 刘淑婷.中国传统建筑屋顶装饰艺术[M].北京：机械工业出版社，2008.97-110.
[6] 常新旻.中国古代瓦件器型设计研究[D].南京：南京艺术学院，2011.16-19.
[7] 魏平凡.山西大同古代建筑避雷机制之浅谈[J].科技情报开发与经济，2005,15(17)：277-278.

ART
OF
ARCHITECTURE

Art-Reading
艺术视角

Between Form and Freehand Brushwork
—The Role of Brushwork Painting in Oil Painting

形意之间
——笔触在油画绘画中的作用

文 / 王冠英

图 1 西塘

　　"神与气"是画家追求的至高境界。绘画的根本是以表现人的生命精神为目的。笔蘸上颜色和画布接触。则形成了笔触。笔触的美,是一种动感的美,它是随着画笔的运动而成。画家用笔触,表现出现实和精神世界中具有生命内容和形式的画面。

　　笔触本来不过是笔在画面画过的痕迹,但我们却把笔画的痕迹看作是有生气、有性格的东西——气韵。气韵是人自身生理和精神所形成的综合的、整体的生命力,把这种生命力注入笔触中去,并与画面的生命精神同构,从而形成独特的不可复制的绘画的风格印记。这才是绘画创作最后的目的。笔触的书写性,就是要把你对现实和精神世界的感触融入进你的艺术作品之中。这里我们探讨绘画上的"书写性"就是探讨自我生命力融入画面的能力。

　　绘画中的对自然物象及思想的表达,其意义在于画家用自己的心灵感受着大自然和现实世界,并转化为内心感触和激情,用蘸满色彩的笔触表达出来。画上的笔触是静止的,内心的感受是涌动的、抽象的,但是观者却能真切地感受到好的绘画作品中生命的灵动。

　　"绘画笔触的书写性"是借鉴了书法的表现方法。在书法中讲究"气韵",就是强调书法作品中的整体性;书法讲究"贯通",就是强调书法作品中的连续性。在绘画中引进书写的概念和感觉,绘画就不再是一个由光滑色块所构成的拼凑的零散的"平面"世界,而是变成一个有机的、具有鲜活生命的"立体"世界。中国书法的精神及内涵,可以说是中国画家取之不尽的艺术生命的源泉。

　　"绘画笔触的书写性"气韵生动贯通脱胎于书法。绘画上的笔触更强调用笔的气和势,其在表达上是基于画家熟练的造型能力和技巧。有了书写的状态,就赋予了画面生命的强度和力度。"物物相连,生生相通,互相联系,互相贯通。"是中国人对的生命

整体观念。书法上的"气韵贯通"已经在绘画领域中被广为接受。绘画的笔触的书写感不是简单的模仿书法的笔划,实际是指书法精神的本源,以书法精神呈现在观者面前,纵横、苍茫、豪迈、浑厚、沉静的艺术意境。气韵生动的笔触的背后是细腻精湛的表现技法。无拘无束契合生命韵律的灵异笔触,凝聚着画家的灵感、艺术修养及其人文精神。

　　绘画艺术的"气韵贯通",可以体会却难以捉摸。书法是以简洁抽象的点画线条去表现无形的气;绘画中的笔触则以表现画家对自然和现实的感受生命的永恒运动为之气。绘画中笔触的奔放而又流畅,激越而又欢快,充满了生命的动感,笔触的重叠、层叠、延伸、穿行、穿插、对比、疏散、紧密、重复、模糊,精心组织平面的空间,赋予了画面的节奏,使画面变得更加生动、更加丰富。笔触因为气韵而得到了活的生命,这样,"气韵贯通"之中的"气"在绘画中的作用,就被展现出来。

图 2 牛

图 3 远景

图 4 早春

图 5 河岸

图 6 冬日

作为绘画表现艺术手段，在表现画面"气韵贯通"的特性时，"绘画笔触的书写性"有着无可比拟的优越性。以作品《牛》为例，阐述一下"绘画笔触的书写性"在具体作品中的作用，借助书法中用笔的方法，来塑造和表现自己对现实场景的把握能力，把所流露出来的生命的节律注入笔触的形迹之中，使笔触自身也带有活的、升华了的生命节律。自己借助着书写的气韵，牛的形体、身上毛皮的质感、背景的处理都让笔触在画面限制之中体现自由。书写式的笔触的应用，看似凌乱的点线和图像有了严谨的秩序，一笔色、形、质的完美结合把画家主观的性情和客观的色彩融合在一起。虽然画面上呈现的是牛的形象，可骨子里却是纯粹的书写，创作时对书写性重视，使书写的气息注入进了画面。让观者感觉到书法式的痛快淋漓，气韵贯通。

在作品前，形象只是画面的一部分，观者更加注意的则是蕴藏在画面下的人文意义，我相信在这种笔触下表现出的画面能激发出观者内心的理解和感触。

使用这种技法，用自己的心性支配画笔，制造自己的画面，创作出具有个性作品，它具有不可复制性。会表现出画家独特的个性和风格。人们常说绘画中的笔触"字如其人"，同样是画家个性和人格的不可隐藏的体现。

笔触中的个性，是指由画家创造出的区别于其他人作品画面上的特殊的痕迹，具有不同形式风格、意境等鲜明特征。客观上，"个性"无处不在。个性化、差异化是艺术创新的简单的内在规律，艺术就是强调个性化，个性化就是艺术作品的独立性、特异性、个别性和不可重复性的总和。让人们从其所具有的差异性中获得特殊的精神体验和非同一般的新鲜感，而不应是熟识的老面孔。

笔触的个性，最后仍得在"形"的范围之内，不论是具象还是抽象的"形"，找到使形式和内容达到最佳结合点的笔触，才能完美地体现绘画内容。

绘画的风格和意境的最高层次，都表达在情感中。画家在掌握绘画技巧的基础上，形成自己的个人风格和笔触特质，进而在艺术创作中表达出自己的情感，每个画家都具有自己的个性和风格，只有吸收广阔的艺术修养，才能为更高层次的个性风格做准备。艺术修养的广度和深度对于个性的形成具有重要意义。在绘画史上这样的例证很多，他们的作品都是个人情感和艺术修养在绘画中巧妙融合的典范。

在中国书法中，简单的线条，具有如此的表现力。秩序和自由、理智和想象、节制

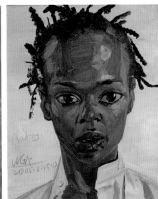

图 7 肖像组合

图 8 蒙马特高地风景 1

图 9 蒙马特高地风景 2

图 10 炊烟

图 11 十月

图 12 岸边

和力量，这些原则，在绘画中通过色彩和柔韧的、流动的、自然的笔触的相互烘托，也同样可以表现的得出来。从而，"绘画笔触的书写性"在绘画应用中得到了升华。

具有"绘画笔触的书写性"的绘画需要细细地、深深地品味深读，在那看似率性挥洒的优秀绘画作品中，包含着作者十足的智慧和苦心经营的过程，只有深入理解了绘画，深入笔触表面的意象，才可领悟其中意境。书写性，是个人精神与绘画精神完美结合的产物，是心性的流淌。对书法艺术有深刻领悟能力的人将会在此类作品中得到同样的感受。

王冠英　上海大学美术学院副教授

Artistic Transformation of Abandoned Residential Block
—Detroit Haidelberg Plan

废弃住宅街区的艺术化改造
——底特律海德堡计划

文/史 今 赵 军

工业时代的迅猛发展为人类的生活带来了巨大的推动与进步，然而20世纪70年代开始，工业生产方式的变革，产业结构的转型与调整使西方老工业城市出现普遍衰落的现象，这是时代发展的必然。基于这样的时代背景，为了解决城市衰落与经济衰退等问题，西方国家率先开始了基于文化资源的城市更新与改造。

我国尚处于工业化的中级阶段，城市产业转型的探索时期，研究西方国家面对后工业时代的转型方法与对策，对我国未来面对城市产业结构转型与调整可提供借鉴经验。

20世纪40年代的底特律是美国最重要的工业城市之一，但在20世纪70年代后开始衰退，直至今日仍然在探索城市转型与发展的出路。现在的底特律市，由于工业企业的迁移或转型，以及人口的流失，出现非常多的废弃工业建筑与住宅建筑，这些破败的街道与废弃的建筑共同构成了底特律衰败的城市景象。然而，面对城市的衰退，底特律从政府、企业、艺术群体等社会各阶层都不断发起复兴底特律的行动，共同致力于恢复底特律新城市风貌，力争重树底特律往日辉煌的城市街景。

图1 灵魂屋

图 2 时钟屋
图 3 数字屋
图 4 动物派对屋
图 5 底特律学校组织的教育参观

　　在众多致力于复兴底特律的项目中，"海德堡计划"是一个由独立艺术家发起，以点到面，逐渐成了全市备受关注且持续推进与发展的明星项目。

　　"当年真正来到海德堡街区，我想让你真正感受到，我的艺术能够成为这个社区的一剂良药，人们只有治疗了自己的内心才能真正挽救荒芜的土地。"——泰里·盖顿。1986 年，底特律艺术家泰里·盖顿回到自己小时候生活的海德堡大街，看到曾经充满童年回忆的社区充斥着毒品与暴力，犯罪率极高。大部分居民失业，生活极度贫困。在祖父的鼓励下，泰里·盖顿决定用画笔改造这条满目疮痍的街区，用艺术治疗衰败的街区与生活在这里失去希望的心灵。

　　"海德堡计划"是由本土底特律艺术家泰里·盖顿发起，通过收集利用街区可回收的废弃材料，经过自己的艺术再创作，重新建设街区风貌，从而达到整治街道环境的目的。这个项目至今已进行了 27 年，泰里·盖顿的团队作品打动了无数生活在底特律的居民及艺术工作者，不断有志愿者加入这项计划。在泰里翻新的建筑中，大部分直接使用了原场地回收的废弃材料，加以修饰与改造（图 6 ~ 图 10）。除了建筑的翻新改造外，泰里还设计了许多装置雕塑，丰富与活跃了场地的艺术氛围（图 11 ~ 图 17）。与此同时，这里也成了青少年艺术教育的实践场地，每年都有学校组织学生参与到"海德堡计划"的工作中，让学生在实践中学习与感受艺术为生活带来的美好（图 5）。现在，这里也成为旅游者的参观地。

　　泰里·盖顿与他的团队通过对街道、植物、人行道、废弃建筑、空地、自然景观的重新整理与装饰不断美化街区，其中代表作有：时钟屋（图 2）、灵魂屋（图 1）、数字屋（图 3）、动物派对屋（图 4）、底特律工业画廊等。

史今　东南大学建筑学院
赵军　东南大学建筑学院教授

图 6~10 利用场地废弃材料回收再利用
图 11~17 装置与雕塑

作品欣赏

Art
Appreciation

图 1 《渔港》陈清海
图 2 《守望》王永国

3

4

5

图 3 《九月的宏村》 陈方达
图 4 《风景油画》 王岩松
图 5 《夏日威尼斯系列之一》 殷俊
图 6 《大山的呼唤》 孟祎军
图 7 《泊》 王冠英

6

7

8

9

10

11

12

13

14

15

16

17

18

图 16 《有阳光的下午》张丽娜
图 17 《时代影像》董智
图 18 《皖南秋韵》蒋烨

Art
艺术交流
Communication

ALTERED (E)STATES

By Davidclovers (David Erdman and Clover Lee)

内容摘要

香港浅水湾项改建项目为一个建筑的翻新工程，也是一场所干预措施的集合，它包含了住宅楼、休闲区和公共空间等。改建主要目的是扩增塔楼单元的差异性特征，并使其增添一些带有趣味的连贯性。并利用当代风行的数字技术和特定的建筑装饰材料及通过数字生成的图形设计、着色等，使原本的建筑产生有节奏的纹理，改变原始的景观、室内装饰和建筑元素，从而形成一种新型的连贯而灵活的空间结构，改变居民对公共区域的感知，并增加其与公共区域的良性互动。

The mid to late 20th century obsessions with digital technology often relied upon biological models for how architecture could adapt to its changing context. While there have been some notable advances in this subject manifest in a host of formal, parametric and geometrical experiments, it is difficult to ignore adaptation's literal infestation into the profession a la "adaptive re-use." Used more often as a marketing ploy than conceptual opportunity, adaptation is ripe for theoretical expansion and interrogation – particularly in the context of customization and the production of cities.

Alteration opens up fresh discursive territory that builds upon the ideas of adaptation by similarly affronting standardization; with a few distinctions. For the most part, architectural "adaptation" projects are conceived from the ground-up, introducing a comprehensive and whole architectural system into a context. The contemporary field of software similarly favors this continuous, smooth, singular, fully integrated approach. Alteration on the other hand, is an approach that is somewhat more restrained, fine grained and interiorized. One could call it a more "centripetal" rather than "centrifugal" approach to design, where alteration involutes, pulls and tucks the architecture into shape rather and deforming an architecture to adjust it to its adjacencies. The potential of

digital architecture within alteration has not yet been realized. Because of its episodic characteristics, alteration is also open to re-considering theories of disjunctive or fragmented architectures, prevalent in the eighties. To a large extent those theories are absent from digital architecture today because of an obsession with continuity and an intellectually stubborn insistence on designing the whole.

The distinction between adaptation and alteration is central to The Repulse Bay Complex project a project designed by davidclovers for The Repulse Bay; a wholly owned subsidiary of Hong Kong Shanghai Hotels who own and operate the famed Peninsula Hotel in Hong Kong. The original, mid eighties complex containing four towers of mid to up-scale, unfurnished, rental units is a Architectonica "knock-off" infamous for the gaping hole between the third and fourth tower. Each tower is standardized and homogeneous surrounded by a series of landscape and club elements that were disconnected architecturally; diminishing the complex's experiential identity. The renovation was atypical and unique in Hong Kong as one of the first comprehensive "gut" renovations of a tower coupled with a comprehensive revamping of the podium and complex at large. This is a reflection of Hong Kong's maturing building fabric, its sobering economy and emblematic of future challenges of development in a city with diminishing amounts of land.

The project is a collection of interventions within one site that includes a residential tower, recreational areas and collective spaces [DC01]. Designed and completed incrementally by davidclovers between 2011 and 2013, the brief aimed to simultaneously amplify the heterogeneity of the tower units while imbuing the property at large with a greater sense of cohesion. In the simplest terms, each intervention is a physical alteration of an existing structure. The interventions focus on changes to the common areas of a housing complex that alter the inhabitant's perception of, and interaction with, these spaces [DC02]. The project illustrates the potential of the disjunctive producing a new type of spatial fabric that is cohesive, yet agile and formed out of a series of disconnected interventions [DC03]. To this extent, the project is different from an adaptation, which requires, if not ardently strives, for the production of a singular, autonomous whole.

While each intervention in the Repulse Bay Complex alters existing structural, mechanical and visual arrangements significantly, each also has its own discrete limits and can never be a continuous whole [DC04]. Often regarded as a deficiency or a diluted architectural opportunity, alteration is seen in this project as a robust opportunity. An architecture of alteration reflects both forthcoming trends for development in Asia – where buildings are over-structured and being redeveloped with increasing frequency – as well as opportunities to re-engage in discussions about the whole and continuity.

The convergence of technological approaches and the parallel streaming of design techniques in each of The Repulse Bay interventions, proliferates a high degree of specificity, dexterity

and heterogeneity, while avoiding episodic fragmentation [DC05]. A composite of technological approaches are deployed, ranging from digitally prefabricated construction to algorithmically generated graphic design and coloring techniques [DC06, DC07, DC08]. The designs alter a series of autonomous landscapes, interiors and architectural elements into a rhythmic texture that appears and disappears throughout the site. Working in this manner has developed a finely grained yet open system [DC09]. Each intervention opens up to, and simultaneously alters, existing structures and relationships. Each intervention is a result of a disciplinary plurality – integrating techniques from product, graphic and landscape design, and further altering the stable "reading" or perception of any single technique. The ensemble of interventions never fully integrates or makes the site whole, yet incrementally they produce enough pressure and tension to tether remote and unconnected experiences to one another.

Perhaps it is fruitful to consider whether or not a focus on alteration can allow for more diverse ways for architectural design and its associated digital praxis to mature and develop. Regardless of the outcome of that debate, it may be useful to consider how the use of digital technologies in architecture and its interior condition might transform concepts of the singular whole. Experimenting with the limits of continuity and fragmentation through alteration, could allow for a greater degree of compatibility with existing architectural systems and an even greater plurality of experience and effect. The Repulse Bay Complex serves as an interesting testing ground in this light, where diverse material assemblies and moods augment the heterogeneity of

experiences while at the same time produce enough cohesion to give the property a new identity. Alteration can subsequently be seen as a way to re-situate digital architecture, highlighting its disjunctive capacities and ushering in post-digital themes that are more relevant to broad cultural trends in the industry. If we can abandon the obsession with the whole, shifting from adaptation to alteration may allow for fertile theoretical and practical projections.

*Portions of this essay will appear in the forthcoming "Interior Architecture Theory Reader" (Routledge), forthcoming AD "Mass Customized Cities" and the forthcoming DADA 2014 exhibition catalogue.

Alterations to The Repuluse Bay Complex Hong Kong

Captions

By David Erdman

DC01

CAPTION 01

DC01   davidclovers, The Repulse Bay Complex, Repulse Bay Hong Kong, 2013.
Description: View along main pedestrian pathway linking all four towers
depicting waterscape and Tower 01 behind. Executed concurrently but
designed with very different constraints, geometry and materials affiliate
the interiors of Tower 01 with the experience of waterscape.
• Photo Credit: Photography by Margot Errante

DC02

DC03

DC04

DC05

CAPTION 02

DC02 davidclovers, The Repulse Bay Complex, Repulse Bay Hong Kong, 2013. Description: Aerial view of waterscape from Tower 01. The gradient spacing, tapering and widening of the canopy play off the curvature of the tower and the pool. Working in concert with the existing pedestrian walkway this forms a dense, newly established zone of activity connecting the towers lobbies to the waterscape.
• Photo Credit: Photography by Margot Errante

CAPTION 03

DC03 davidclovers, The Repulse Bay Complex, Repulse Bay Hong Kong, 2013. Description: View of Tower 03 lobby "intervention" along main pedestrian walkway. The glass façade gently pushes inward while the stone from the interior spills outward, wrapping columns and the retaining wall. The design plays off the large scale curvature of all four towers, while intensifying and interiorizing that curvature into a dense, textural, interior/exterior object along the pathway.
• Photo courtesy of davidclovers

CAPTION 04

DC04 davidclovers, The Repulse Bay Complex, Repulse Bay Hong Kong, 2013. Description: View of the Club House GF lobby from shuttle stop. Drawing upon similar techniques to those used in the tower 3 lobby the club house entry and lobby acts as another semi-autonomous intensified intervention on the site. The extension of the interior stone both limits the boundaries of the design while reinforcing the texture and rhythm of the tower lobbies across the street.
• Photo Credit: Photography by Denice Hough

CAPTION 05

DC05 davidclovers, The Repulse Bay Complex, Repulse Bay Hong Kong, 2013. Description: View of the Shuttle stop and bench with waterscape canopy beyond from the Club House entry. Ideas about the negative space between elements acts as a device to bind them without connecting them. The shuttle stop and waterscape, constructed with similar materials but very different techniques, can be seen here to figure and form foreground and background voids cultivating an affiliation between each intervention.
• Photo courtesy of davidclovers

DC06

DC07

DC08

CAPTION 06

DC06   davidclovers, The Repulse Bay Complex, Repulse Bay Hong Kong, 2013. Description: View from entry toward the lift lobby of tower 01 lobby. The tower (a comprehensive renovation of including the enclosure) is conceived as vertical, wood and plaster texture of interventions that permeate each floor, the common areas and the units. The lobby is just one example that demonstrates how a series of prefabricated plaster elements peel away revealing a luminous wood surface beyond. The design conceives of the lobby as a six sided intervention which affiliates with nearly one hundred different six sided interventions distributed vertically throughout the tower.

• Photo courtesy of davidclovers

CAPTION 07

DC07   davidclovers, The Repulse Bay Complex, Repulse Bay Hong Kong, 2013. Description: View showing living area of typical three bedroom apartment. The six sided design technique allows for relationships within rooms to slide across walls, floors and ceilings emphasizing the volumetric and vertical characteristics of the unit. Plaster, glass fiber reinforced ceiling elements are prefabricated throughout the tower.

• Photo courtesy of davidclovers

CAPTION 08

DC08   davidclovers, The Repulse Bay Complex, Repulse Bay Hong Kong, 2013. Description: View showing the communal seating area of breakers café in the clubhouse. The six sided design principles used in tower one were experimented with further in this intervention which is the focal point and gathering nexus of the clubhouse. Algorithmically manipulating a photograph, washes of deep blue and white augment the geometry and interrelationships of the columns in the café. While each column is autonomous, the coloration and pattern of the columns work in concert to at once define the space of the café, while at the same time open it up to the through flowing traffic crossing through it.

• Photography Credit: Photography by Margot Errante

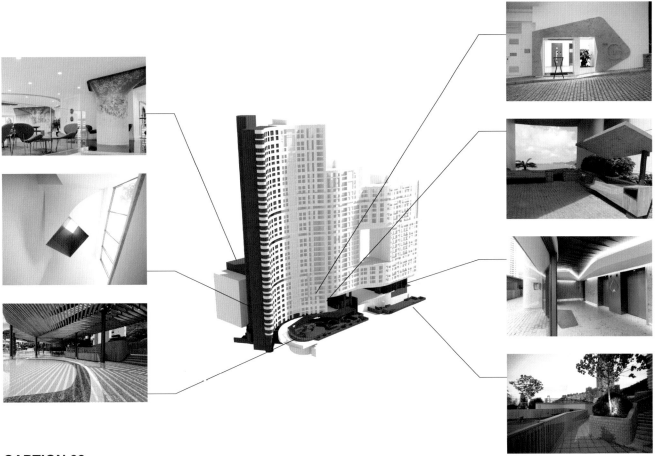

CAPTION 09

DC09   davidclovers, The Repulse Bay Complex, Repulse
Bay Hong Kong, 2013. Description: Diagram
showing the locations and scope of interventions
throughout the Repulse Bay Complex.
Image courtesy of davidclovers.

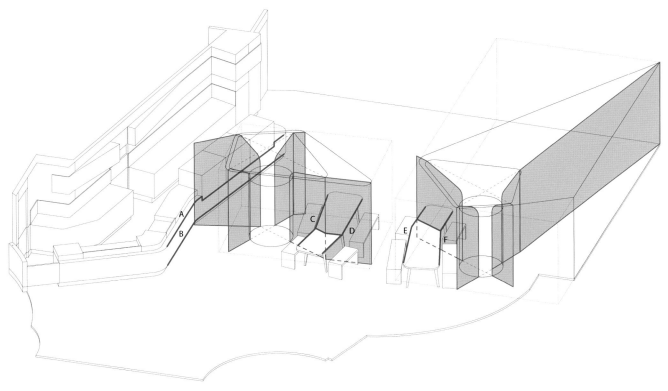

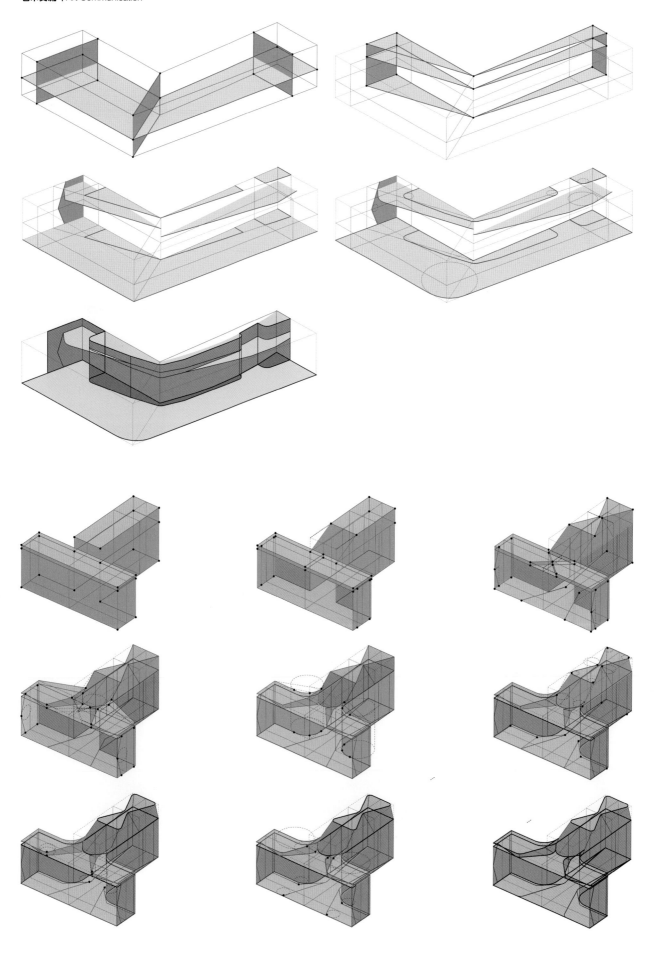

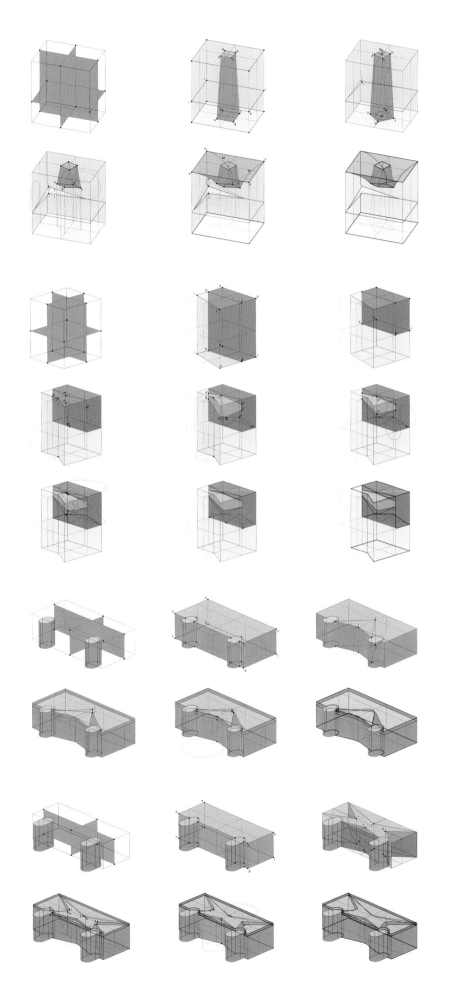

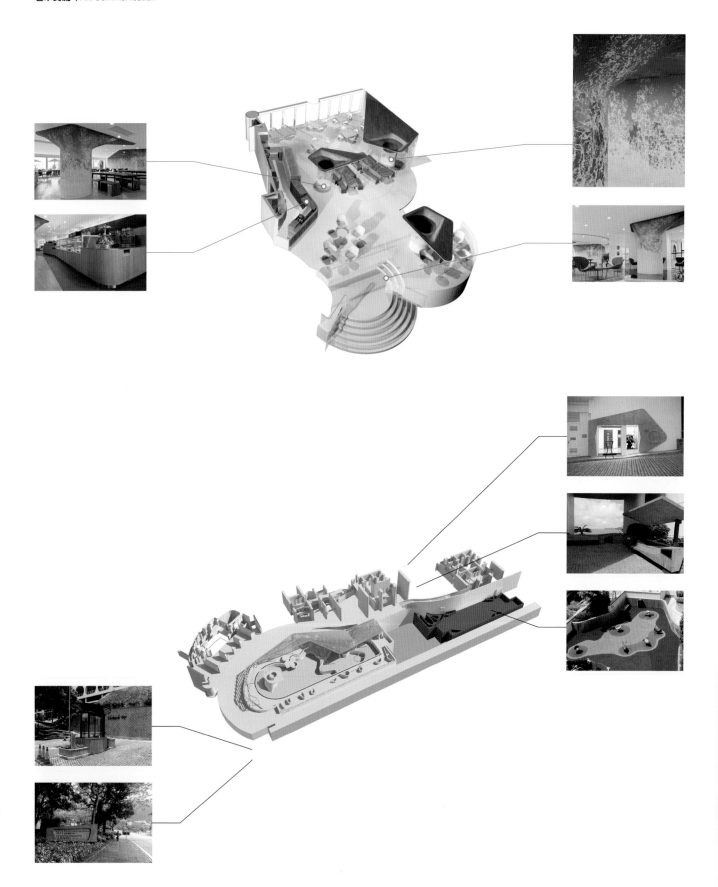

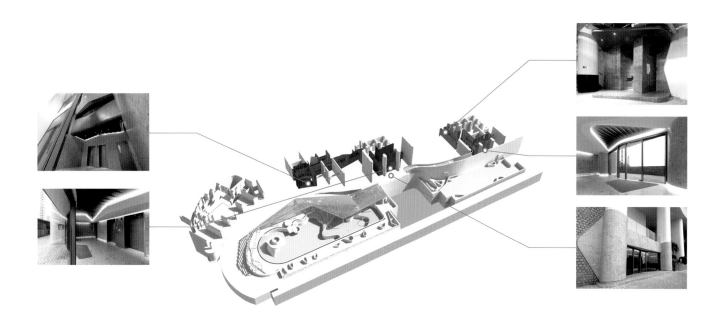

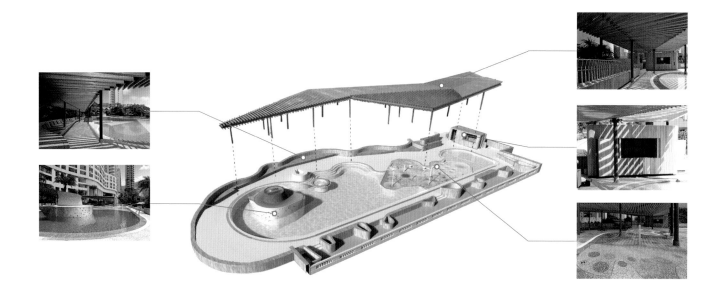

PREFAB PENCIL TOWER
— Micro Apartments for Hyper-dense Cities

By Jason F. Carlow

内容摘要

预制铅笔式塔楼是为超密集型城市准备的微型公寓。项目针对香港公寓面积不断缩小的现象，在充分领会建筑法规限制、极端的经济条件和非标准化生产潜力的基础上，重新考虑了香港开发商的典型规划法、体量和典型住房的静态一致性。通过综合考虑过去和当前的建筑法规，使之与数字化设计工具相结合，从而产生反应更灵敏，组合更佳的建筑原型。该项目旨在能够激发香港社区发展重新考虑再日益缩小的公寓里生活的相关问题。

According to the World Health Organization, seventy percent of the global population will live in urban areas by the year 2050. As new cities form and existing cities burgeon in size, state and city governments across the world will need to grapple with the repercussions of densification. As residential buildings account for most of a typical city's building stock, increased density will have a significant impact on the urban dwelling.

Hong Kong's political/economic system, limited buildable land and population make it one of the most crowded urban environments in the world. Skyrocketing real estate prices fed by profit driven developers and a deluge of investment and speculation from the Chinese mainland in recent years have made it increasingly hard for individuals in Hong Kong to afford an apartment. Restrictions on land sales in Hong Kong in recent years have aggravated housing problems by encouraging developers to offer smaller, more expensive units.

This speculative tower project addresses the phenomenon of decreasing apartment sizes in Hong Kong by exploring the potential of the bay window. Bay windows are often seen on residential buildings in Hong Kong due to the building code. Pre-manufactured, projecting window volumes of certain dimensions are exempt from counting towards the total Gross Floor Area (GFA) in Hong Kong. Therefore they have become a device used by architects and real estate developers to gain additional volume in typically small apartments.

This project pushes the limits of domestic space by proposing a set of micro apartments, within an ultra-slender, "pencil-tower" building typology. The apartment units are only 1.5 meters wide and wrapped around a central core. The interior spaces take advantage of the projecting window building code GFA exemption loophole by expanding usable, residential space into projecting window volumes. This project adapts the existing code by inserting domestic programs into the projections, a practice that is illegal under current regulations.

The projections are designed to be made from pre-fabricated panels that clip onto a structural core/slab system. Spaces for living, dining, working and sleeping are built directly into the facade. These inhabitable window volumes position the occupant precariously between a residential interior and an urban exterior. Window units are sized and shaped in response to each domestic activity, sleeping, dining, or working. Room types can be sequenced differently on each floor according to the desires of the architect or developer. Flexible sequencing projects different modes of living spaces to the exterior of the building offering visual relief from other otherwise monotonously extruded forms of typical high rise towers.

In the project, façade units themselves are designed to push the limits of non-standardized, customizable, casting technology through the use of adjustable concrete formwork and molds. The project proposes the use of non-structural, glass-fiber reinforced concrete (GRC) on the exterior skin. GRC can be sprayed into reconfigurable forms that can be adjusted in terms of depth, size and orientation. Façade modules and windows can be cast into a range of forms to compliment various interior activities.

As each concrete module projects outward, interior surfaces project inward and are shaped according to the position of the human body in space. Thermoformed solid surfacing materials are proposed for interior cladding. Interior surfaces seamlessly integrate walls, countertops, storage, tables, sofas and bed platforms.

The project reconsiders Hong Kong developers' typical approach to programming, massing, and the static conformity of typical housing through a deeper understanding of the building code limitations, extreme economic conditions and the potentials of non-standardized production. The project attempts to build a critical argument toward repetitive building forms and envelopes that are examples of developers' attempts to maximize financial gain through thoughtless, homogeneous extrusion and repetition. The tower combines an understanding of past and current building codes with digital design tools that are deployed to yield more responsive, better integrated, architectural prototypes.

The project is also productive as a form of critique. While micro apartments and compact living are often cited as precedents for good design, the project is also intended to provoke the Hong Kong development community to reconsider the problems associated with living in ever shrinking apartments.

Project by Carlow Architecture & Design, LTD
Design team: Jason Carlow, Jan Henao
Project Date: 2015

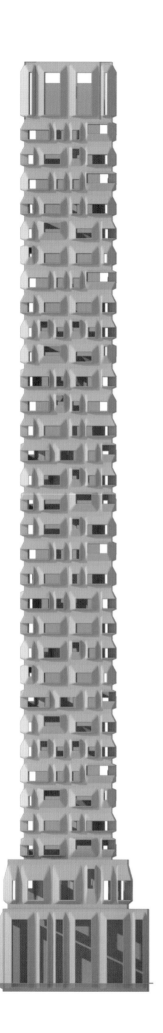

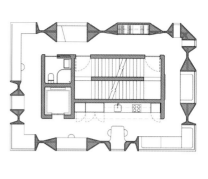
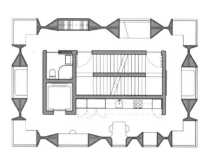
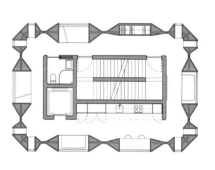
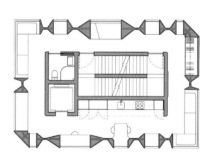
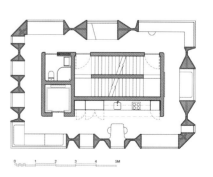

0 1 2 3 4 5M

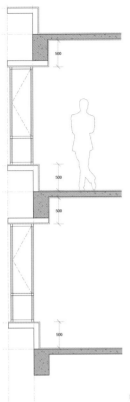

Internal and external variations of Hong Kong bay windows
香港窗台室内外的变化

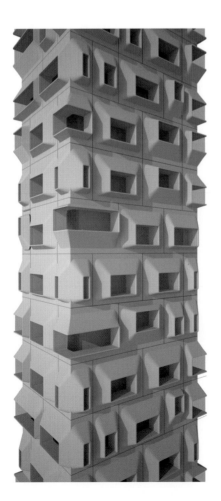

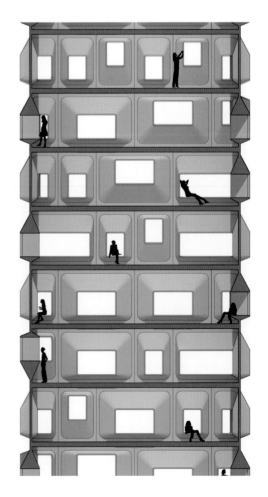

**2m
PANEL
LOW**

**2m x 2m
CORNER PANEL
TYPE B - LOW**

**4m x 2m
CORNER PANEL
TYPE A - LOW**

**2m
PANEL
HIGH**

**2m x 2m
CORNER PANEL
TYPE B - HIGH**

**4m x 2m
CORNER PANEL
TYPE A - HIGH**

**2m x 2m
CORNER PANEL
TYPE A - LOW**

**4m
PANEL
LOW**

**4m x 2m
CORNER PANEL
TYPE B - HIGH**

**2m x 2m
CORNER PANEL
TYPE A - HIGH**

**4m
PANEL
HIGH**

**4m x 2m
CORNER PANEL
TYPE B - HIGH**

Hong Kong In-Between

By Géraldine Borio, Caroline Wüthrich
设计公司 Parallel Lab 合伙人

内容摘要

以香港夹缝空间作为切入点，通过游走和观察香港夹缝地带，调查人与城市边缘空间的互动关系，提出密集型城市空间应根据不同的环境空间形态和地理位置，以最小的干预，进行空间再营造，而不应该因为环境的限制而制约了空间设计思维。本文通过对边缘空间再造意义的梳理提出五点密集型城市空间设计原则，以期通过对密集型城市空间中边缘空间的设计、再造的有效利用，营造个体空间行为，提升城市空间的人性化情感意义，增加人的生活主动权。

The gaps, recesses, and narrow back lanes of Hong Kong have been our entry point to understand this city we live in and work with. Like many architects, we believe that much can be learned from the surrounding context.

We were drawn to people's interactions with these in-between spaces, in both physical and metaphorical ways, and this book reflects our approach and presents our process of observers becoming actors.

STAG was the tool we developed to synthesize our learning from observation – it then became our medium to interact with people and the environment.

In this methodology of "learning from direct experience", what matters to us is not the shape of the tools but the knowledge gained from shaping them.

The snapshots in this book are the raw material that testifies what we saw on site: they became the groundwork for the development of our reflections. If objectivity prevails in the in situ recording, the subjectivity of the text is not intended to embellish but to create bridges, to provoke, and to ask questions. The drawings follow the same approach. Based on a measurable morphology of the city, they underwent a subtractive process: in the black of those pages, we drowned the noise that confuses

the reading of the subject. What remains is people's appropriation of the spaces and their strategies to overtake the harsh environment. In translating and communicating our experiences with Hong Kong's in-between spaces, this book finds its raison d'être. With this tangible object, our research becomes complete.

Observations

Looking at how people respond to their environment links us to the essence of architecture. We develop shelters to resist a harsh climate; we use our creativity to overcome a harsh context. Terunobu Fujimori states, "What distinguished the Tokyo of the 1923 from the Tokyo of the present was that Tokyoites in 1923 were still self-sufficient; they could provide their own shelter.".5 It was precisely during Tokyo's economic bubble of

the 1980's that these skills, and freedom, were lost.

Indeed, the freedom of a population can be seen in the ability of its people to sustain themselves. Almost all of Hong Kong's food is imported, and the lack of independence is particularly relevant in the living spaces. The housing market is almost exclusively held by developers and the government, and private development and public housing estates constitute the urban panorama.

Our study of the back lanes has taught us that people's freedom is not proportional to the size of a space but to the possibility of appropriation. In contrast to the millions of mass-produced windows and frenetic rationalization in Hong Kong, micro architecture may be one of the only independent architectures left within the dense urban areas of the city. The people in these in-between spaces may be the only people with a true sense of autonomy.

If the micro is seemingly constantly shaped by macro decisions, its capacity to adapt means that it easily overcomes restrictions. The micro layer also intuitively affects our perception of our city—our appropriation of these spaces can affirm a sense of continuity, humanize an oversized scale, and compensate for the underside of a city. It can also bring a sense of empowerment to it residents.

Professor of Design, Michael Siu elaborates on this sense of power, "The weak always have ways of not losing... The weak understand that if their interactions with the strong are only based on the calculus of force, they will lose. Thus, like guerrillas, the weak insinuate themselves into the strong's space in order to seek opportunities. Also, the weak do not have or keep a space of their own. This way of operating makes it difficult for the strong to display their force against the weak.".6 Designers can learn from this ability to turn what can be seen as negative constraints (lack of space, resources, stability) into positive opportunities. Let us learn how the city is now and how to plan its future—not a tabula rasa, but adjustments; not more rules and regulations, but more understanding and interactions.

By observing Hong Kong from its in-between,

we have understood that constraints should not be seen as restrictions but as opportunities to develop a design relevant to the user, the culture, and physical context.

We have seen how instability can push us to adapt, to be active, to value one's personal power, and not to hide behind or be reduced by rules. We have sharpened our tools to be independent from a system.

5. terunobu fujimori, interview, october 22, 2000, cited by jordan
sand, in gyan prakashna and kevin m. kruse, ed., the spaces of the
modern city: imaginaries, politics, and everyday life (princeton:
princeton university press, 2008), 387.

6. kin wai michael siu, "guerilla wars in everyday public spaces:
reflections and inspirations for designers," international journal
of design 1 no. 1 (2007): 37-56.

The tool

After the long hours spent in Hong Kong's back lanes we felt the need to push the research further and to become part of the parallel network's ecosystem.

We believed that by challenging the existing situation we could learn from the reaction of the context and its people. By testing the limits of what was allowed and forbidden we wanted understand the invisible rules that shaped those space, and how
as architects we could influence to the whole mechanism.

Instead of transforming the space directly we developed a simple tool: STAG a mutation of a stool and a backpack.

Inspired by the all the left¬ over stool we encountered in the back lanes we realized that a sitting occasion was the minimum facility to convert any place into a public space. But unlike what we find in official Hong Kong's public space we needed our device to be flexible and mobile in order to test many different spatial configurations.

The design development of the object itself became a pretext for further investigations about the context. Naturally we went back to the micro shops located in the back streets and collaborated with three craftsmen (Uncle Chan, Uncle Hung and Mr.Tang) who were using these in-between spaces as their workshops.

Thanks to the development of this tangible object we became actors of this micro economy and could record more directly than with any interview the possibilities and restrictions of a daily life in an in-between condition.

While the STAG production kicked-off we

started to envision the impact a portable public space could have on the city at larger scale and got the ambition to invite more people in the

experiment. ccording to the craftsmen's capacity 120 stoolbags were soon produced and ready to invade Hong Kong's urban spaces.

The 2012 HK·SZ Biennale coincided with this experimental period. Along one month we organized a series of four happening in both official and so-called "edge" public spaces of the city.

For few hours a crossing of two back lanes was converted into an open air cinema, a quiet interstice hosted a Chinese tea ceremony and one of the harshest in-between canyon located in the dense area of Wan Chai became the setting of a DJ party were more that 100 people came to experiment the intense urbanity.

According to different context and location our aim was to demonstrate how with the minimum intervention we could the atmosphere of the place and re-appropriate the city. From those experiment we understood that what should matter to architect and designer for playing with a context is much we know the hidden rules behind it.

Five points

GUIDELINES TOWARDS DESIGNING IN DENSE CITIES

Beyond developing a tan-gible object (the STAG) with the three master craftsmen in their in-between shops, we knew that we could learn a lot about creative design
methodology: from the experience, we developed these five fundamental rules that have become our tools to approach any space design in this city.

1. SPACE PUZZLE

Understand the components and the specificities (shape, size, usage) and interlock those elements to optimize their footprint and impact in the space.
uncle hung practices a perfect methodology of stacking canvas, tools, and orders. he has a specific way of keeping
each item compact, and a certain way of folding each piece of canvas saves space. at the optimal size, the items can be stored according to dimension and usage.

2. PLAY WITH THE FLUX

A space is not a static zone where functions and goods accumulate. Space expands and retracts beyond its boundaries and interacts with the city. Borrowing, exchanging, and sharing space, functions, and items impact the conception of the space.

Instead of accumulating items within his small shop, mr tang considersthe storage area outside the shop's space. he has a perfect awareness of the amount of goods that can fit into his micro-shop, and he manages the flux of what comes in and out according to the amount of storage available. he sees the role of a customer as being on time to pick up your ordered goods.

3. BE GENEROUS

Compensate the lack of space with an excessive generosity. Counter-balance the extreme space optimization with large, free, open, and multi-purpose space. Do not only be pragmatic; leave room for emotions, experimentation, and air flow.

When uncle chan writes an invoice, he chooses large paper and his handwriting is large, overflowing, far beyond from the imagined square penmanship boxes around chinese characters, and far beyond the tiny parameters of the micro-shop. he also writes numbers very generously. he uses a pen but we can feel the brush.

4. OVERLAP FUNCTIONS

Each function should not be isolated and individually materialized in a space.
Instead, overlap. They can take place simultaneously in the same location or be staggered, functions alternate along the day and night. Use this strategy to maximize the economy of space and stretch the available area.

Uncle chan follows this habit»each tool fulfills at least two functions. why bother with paper and pen to sketch plans and calculate sums, when the metal part of the sewing machine can be a blackboard?

5. BE FRUGAL IN THE USE OF MATERIALS

A lack of resources can be a tool to give character to one's space. Change the status of low-tech or everyday material by focusing on the properties and the alternative ways in how to use them.

During a discussion with uncle chan, he remembers that the hardship
During the japanese occupation of hong kong in the 1940's had taught
Him to see every bit of leftover canvas as a valuable commodity.
Since then, he has made it his practice to re-use materials. for example, he regularly uses small pieces of canvas

ART

OF

ARCHITECTURE

第三届全国高等院校建筑与环境设计专业学生美术
作品大奖赛一等奖获奖作品

Information
筑美资讯

张浩　苏州大学金螳螂建筑与城市环境学院《自由》
指导教师：汤恒亮

方琪　武汉大学城市设计学院《珞珈山上的老房子》
指导教师：温庆武

赵颖　江西师范大学城市建设学院《尼泊尔小景》
指导教师：胡兰贞、李峰

马珂　湖南大学《夏日》
指导教师：陈飞虎

柳灵倩　南京艺术学院设计学院《透明静物台》
指导教师：周庆

战凯　四川大学建筑与环境学院《创意静物写生》
指导教师：毛颖

谢伏雪　东南大学成贤学院《拉小提琴的男子》
指导教师：张继之、潘瑜、李艳

崔思宇、耿志利、黄康、欧哲宏、吴宇轩、杨旻睿、贺治达、
续文琪、杨梦娇　西安建筑科技大学建筑学院《镜像》
指导教师：薛星慧、阚阿静、任华、张永刚、陈巍

郑敏　烟台大学艺术学院《静物素描写生与重构》
指导教师：王岩松

彭奕雄、朱亚希、李志昊　天津美术学院环境与建筑艺术学院
《天津市（南港工业区）动漫产业基地景观建筑设计》
指导教师：彭军、高颖

顾银辉　同济大学浙江学院建筑系《鸟瞰的村落》
指导教师：张奇、蒋宝鸿、周伟忠

王霄君　天津美术学院环境与建筑艺术学院　《苗乡遗梦》
指导教师：彭军

高浚明　香港大学建筑学院　《Assemblage》
指导教师：Eric Schuldenfrei

一、刊物介绍

《筑·美》为全国高等学校建筑学学科专业指导委员会建筑美术教学工作委员会、中国建筑学会建筑师分会建筑美术专业委员会、东南大学建筑学院与中国建筑工业出版社近期联合推出的一本面向建筑与环境设计专业美术基础教学的专业学术年刊。

本刊主要围绕建筑与环境设计专业中的美术基础教学、专业引申的相关艺术课程探讨、建筑及环境设计专业美术教师、建筑及相关专业设计师的艺术作品创作表现鉴赏等为核心内容。本刊坚持创新发展，关注建筑与环境设计文化前沿；力求集中展示我国建筑学专业和环境设计专业的艺术创作面貌、各高等院校建筑与环境设计专业美术基础教学成果为主要办刊方向，注重学术性、理论性、研究性和前瞻性。

二、办刊宗旨

以展示各建筑院校和美术院校中建筑学专业和环境设计专业相关的美术基础教学、前沿艺术活动、教师艺术风采等为目标，旨在推动建筑与环境设计专业美术及相关教学在该专业领域的良好发展。

三、刊物信息

主办单位：

全国高等学校建筑学学科专业指导委员会建筑美术教学工作委员会

中国建筑学会建筑师分会建筑美术专业委员会

东南大学建筑学院

中国建筑工业出版社

开本：国际 16 开

五、稿件要求

论文格式：Word 文档，图片单独提供。

1. 中文标题。

2. 英文标题。

3. 作者姓名（中文）、作者单位（全称）。

4. 正文：3000～5000 字，采用五号宋体字编排。

5. 文中有表格和图片，请单独附图、表，并按征文涉及顺序以图 1、图 2 等附图，并写好图注。图片要求：像素在 300dpi 以上，长、宽尺寸在 15cm 以上，所有图片要求 JPEG 或 TIFF 格式，矢量文件中的文字必须为转曲格式。

6. 注释：对文内某一特定的内容的解释或说明，请一律用尾注。按文中引用顺序排列，序号为①②③，格式为：序号、著作者、书名、译者、出版地、出版者、出版时间、在原文献中的位置。

7. 参考文献：格式同注释，序号则为 [1] [2] [3]。

①著格式：作者．书名．版本．译者．出版地：出版者，出版年．

四、各栏目征稿要求

重点关注：紧跟焦点、拓宽视野、话题深入，选取焦点信息，报道最新的、关注率高的事件、人物等。

大师平台：集中展现曾活跃在建筑领域、美术领域，为我国建筑界和美术界做出卓越贡献的大师的艺术作品。

教育论坛：着眼建筑美术教育研究、造型基础课教学研究、各高校的实验教学优秀案例等。

匠人谈艺：最新、最权威的理论评说、国外前言理论译著、建筑师或制作团队的专访、业内资深建筑学者的对话等。

名家名作：推荐当代建筑界美术家及教育工作者的代表作品，形式活跃、内容丰富。

艺术交流：此版块内容活泼、时尚、新颖，可完全脱离建筑层面的局限，主打艺术界的相关内容。

艺术视角：通过艺术作品及优秀设计案例的介绍，促进建筑学和环境设计专业设计教学的发展。

筑美资讯：整合资源，学校、教师作品的推介，最新竞赛设计作品，相关设计作品，最新相关图书信息等。

《筑·美》征稿函

②论文集格式：作者．书名．题名．编者．文集名．出版地．出版者，出版年．在原文献中位置．

③期刊文章格式：作者．题名刊．年．卷（期）．

④报纸文章格式：作者．题名．报纸名，出版日期（版次）

⑤互联网文章格式：作者．题名．下载文件网址．下载日期．

8. 同时请提供

（1）联系方式：包括作者的通信地址、邮编、电话、电子邮箱、QQ 等。

（2）来稿不退，文责自负，编辑部按照出版要求对来稿有删改权，如不同意，请事先声明。请勿一稿多投。强化调研，不得抄袭，避免知识产权纠纷。

9. 投稿地址及联系方式：

东南大学建筑学院：

赵军 15051811989 电子邮箱：zhnnjut@163.com

中国建筑工业出版社：

张华 010-58337179 电子邮箱：2506082920@qq.com